OMUP ブックレット No.71

緑の革命をもう一度

—多収を目指した植物品種改良—

加藤　恒雄

はじめに

誠に実に爾曹に告げん
一粒の麦もし地に落ちて死なずば唯一つにてあらん
もし死なば多くの実を結ぶべし
（ヨハネ伝第十二章二十四節）

本著は、すでに出版した前著「種を育てて種を育む—植物品種改良とはなにか—（改訂版）」（加藤 2023）の続編である。前著は、植物育種あるいは植物品種改良の概要を一般論として述べるのに終始した。そこで新たに上梓した本著は、品種改良の具体的適用場面の一つとして作物の多収達成、すなわち収量を増加させるために植物育種がなにをしてきたか、そしてこれからなにをすべきか、を「緑の革命をもう一度」というタイトルの下に述べる。これを著すに至った動機は、この分野が農業生産技術にとって永遠の中心課題であるとともに、著者が長年携わってきたものだからである。本著で論じ得たのはこの分野全体からするとほんのわずかな部分についてではあろうが、浅学菲才を顧みず自分の意見を中心に書き連ねた。

本著のタイトルは、著者が当時所属していた広島県立大学生物資源学部（現県立広島大学生物資源科学部）にて、かれこれ二十数年前に開催された一般市民向けの講演会において、この種の内容で初めて講演したときのものを採用した。これは、1997年に発表されたC. Mannによる論文、“Reseeding the green revolution”（Mann 1997）のタイトルを借用したものである。ここで出てくる“the green revolution”、「あの」緑の革命、とは、1960年代ごろにメキシコの国際トウモロコシ・コムギ改良センター（CIMMYT）におけるコムギ（*Triticum aestivum* L.）に関して、さらにフィリピンの国際イネ研究所（IRRI）におけるイネ（*Oryza sativa* L.）に関して、それぞれ独立に行われた多収性育種により新品種が生まれ、それによってそれぞれの作物の収量が大きく増加したことを示す。これらのことが世界の食糧事情を好転させる契機となったことをふまえて、特にコムギの多収性育種の中心を担ったN. E. Borlaug博士には1970年にノーベル平和賞が授与された。これが平和賞であったことは象徴的である。緑の革命についてはその功績称賛とともに批判も挙げられているが、収量の増加自体に寄与したということは、事実として間違いなく言える。

一方、この緑の革命をはさんで世界の総人口は増え続け、現在では80億人を突破したと推定されている。世界人口が無限に増え続けることは決してなく、また人口増加率には極めて大きな地域間差が存在するが、当面これら人々の胃袋を満たす食糧を供給することは、農業および農学分野のみならず政治、経済的なものを含む広範な分野での喫緊の課題である。そのような流れの中で、植物育種による多収品種のさらなる開発や提供は、他の方策、例えば農耕放棄地の再開発を含む農耕地の開拓、灌漑等の水利整備、肥料や農薬の開発や投与等と比べて、作物の栽培者にとってコストパフォーマンスが非常に高い方策の一つである（藤原 2012）。それは、新たな品種を農家が選択して入手するコストは他の方策のコストと比べてそれほど高くない一方で、そこから得られる利益は莫大なものになる可能性があるからである。これは、今はやりのSDGsを彷彿とさせる。もちろん、育種の担当者にとって品種改良は多大な労力と時間を必要とし、時には全てが水泡に帰す営為なのだが、農業生産者に対して多収を示す品種を供給することは、農業全体の中でも食糧増産に向けた極めて有効な方策であり使命でもある。

先に述べたように、著者は約二十数年前に、そしてその後も数回「緑の革命をもう一度」と題して講演を行った。その時の講演内容は、今から見ると稚拙かつ内容不足であったことは否めない。当然、聴衆の反応も鈍く質問もあまりなかった。当時の日本国内では食糧自給率が低下の一途を辿っている状況でも見かけ上「飽食の時代」が謳歌されており、ここで収量を増加しようという言動はそれよりも味だという声にかき消され、あまりリアリティーを発揮できなかった。このような風潮は現在でも続いている。一方で、1980年代ごろに日本国内でイネについて多収性が重要な育種目標として見直されたことがあり、多くの多収品種が今でも少しずつ世に出ている。世間一般には、イネでは良食味品種の方がはるかに高いインパクトを与えているが、その陰で多くの育種家がわくわくしながら多収性の課題に取り組んでいるという雰囲気を感じたのは著者だけだろうか。そのような中で著者の多収性研究は、特に極穂重型イネ品種の登熟問題解決を中心にわずかながら進展を見た。本著はその一端を礎として、食糧問題に関心を持つ一般読者、勉学中の学生、院生等を対象として多収性育種を考えていく。現役の育種家、農学研究者には、本著の内容は自明なものに過ぎないかもしれない。しかし、そのような立場においても、一度足元を見直すことも必要と考える。

本著は、作物の中でも特にイネを中心にその子実（穀実）収量（grain yield）を増加させる育種について論じる。多収というからには子実以外の栄養体を収穫対象とするイモ類等の収量増加も本来は含むべきだが、本著では著者の能力不足から割愛した。栽培されるイネは、二倍体の単子葉植物で農業的には専ら有性生殖を行い、ほぼ100%の自家受精率を示す。このようにイネは植物学的に全ての作物を代表しているとはとても言えないが、世界の主要作物の一つであり、特にアジアにおいては人々の胃袋を満たす最重要作物と言っても過言ではない。また最近では、イネはそのゲノムサイズが作物の中では比較的小さいことから、分子生物学的に単子葉植物のモデルとして、双子葉植物のシロイヌナズナと並び確固たる地位を占めている。すなわち、2004年にはイネの保有する12対の染色体上およびオルガネラゲノム中の塩基配列情報が世界的規模の研究グループによってほぼ全て解読されるに至った（International Rice Genome Sequencing Project 2005）。そしてその情報はウェブ上で公開され、現在でもますます充実しつつある（例えばRice Annotation Project Database (RAP-DB), https://rapdb.dna.affrc.go.jpやOryzabase, https://shigen.nig.ac.jp/rice/oryzabase）。このことは、多収性育種をはじめとする本作物の育種に大きく貢献する可能性があり、また、他の種、特にイネ科の作物であるコムギやトウモロコシ等に関しても、ゲノム上の類似性からそれらのゲノム解析に広大な途を拓いている。

一つ断っておくべきことは、本著では植物の病害や虫害といった生物的ストレス、異常気象や不良土壌といった非生物的ストレスがほぼない状況で作物が示す多収性、すなわち収量ポテンシャルを扱う、ということである。このようなストレスに対する耐性、抵抗性については、多収性発現に関わる極めて重要な要因であり、古くからかつ現在でも植物育種の対象になっているが、本著ではこれらも同じ理由で割愛した。詳しくは関連文献、書籍等を参照していただきたい。さらに多収そのものは、育種のみならず栽培技術によってもちろん達成可能である。本来は、育種と栽培をこのような場面で区別すべきではない。

前著「種（たね）を育てて種（しゅ）を育む」でも主張したように、続編である本著においても個々の知識の開陳のみを一般読者に施そうという意図は、著者にはない。著者が期待するのは、本著の「いかにして作物の多収を育種によって達成するのか」という問題の解決に向けたトピックスが、読者にとって「なぜそうするのか」、「なぜそうなるのか」を徹底的に考える契機になること、である。そのような、おそらくは読者にとって未知の領域に著者とともに踏み入っていただけるならば、それは著者にとって望外の喜びである。

2024年7月

泉州にて

加藤　恒雄

第1章　かつての緑の革命

1．1．収量とその歴史的変遷

ある作物の収量とは、その作物が栽培されている単位土地面積当たりに存在する、人間が利用する部位の収穫量のことであり、通常、収穫物の重さ/栽培面積（t/ha、g/m^{2}等）で表示される。因みに最近の統計によると、主要な作物の収量は、2022年の世界平均ではイネで4.7 t/ha（籾収量）、コムギで3.7 t/ha、ダイズで2.6 t/ha（https://www.fao.org/faostat/en/#home）、2023年における日本国内のイネ、コムギおよびダイズ（ダイズのみ2022年）の平均収量は、それぞれ5.3 t/ha（玄米収量）、4.7 t/haおよび1.6 t/ha（https://www.maff.go.jp/j/tokei/kouhyou/sakumotu/index.html）となっている。収量を表す分子も分母も自明であり、その測定自体は手間がかかるものの問題なく行える。しかし、この分子の部分は、作物のライフサイクルの通常は最後である収穫期にようやく決定されるので、それまでの過程に関わる非常に多くの遺伝的および非遺伝的な要因の影響を被る。そのため、多収を目指すべく作物の遺伝的構成と栽培環境を制御すること、および多収を安定的に達成することには多くの困難が伴う。それだけに、多収に向けた試みは、それを実践するものにとって、大きなやりがい（と一部の徒労感）をもたらす。これはまさしく、問題解決型技芸（加藤 2023）の醍醐味である。

「はじめに」の冒頭で記したように、一粒の種子が成長して多くの実が結ばれるのは「一粒万倍日」のように周知の事実である。一方、植物からすると、種子は基本的に次世代再生産のためのものであり、現在の栽培種に見られるような「多くの」実は特に必要ない。したがってこのような作物の過剰生産は、人類が自らの胃袋のために作物をして収量を着実に増加させてきた賜物である。およそ1万2千年前に人類が狩猟採取生活から定着し農耕を始めた時には、食べることができそうで沢山採れるように見える植物を野原から持ってくるという行為それ自体が、すでに人為選抜による多収性育種の実践と言える。これによって、わずかながらでも収量は増加し続けてきた。これが数千年続く間に、水や養分のような作物にとって有益なものを積極的かつ効率的に与えたり、害虫や病気を少しでも防ぐような策を講じたりする技術が加わった。19世紀のヨーロッパで、大気中の窒素からアンモニアを合成するハーバー・ボッシュ法が開発され、作物栽培で特に重要な窒素成分を肥料として多投できる途が拓けたのもその一つである。そして近年になって、先ほどの「緑の革命」によってコムギやイネといった世界の主要作物の収量が育種により増加したことも大きなトピックである。

1．2．半矮性型アレルに基づく緑の革命

先述のように収量という形質には極めて多くの遺伝的、非遺伝的要因が関わるが、この緑の革命の鍵となったのはイネでは主としてただ一つの遺伝子座、コムギでは異質六倍体であることに関連して二つの遺伝子座におけるアレル（対立遺伝子）であった。そのアレル自体はイネとコムギとでは当然異なっていても、両者ともに共通して半矮性という表現型をもたらした。半矮性（semidwarf）の矮性（dwarf）とは、白雪姫の物語に登場する七人の小人（侏儒）にあたり、極端に小型である状態をさす。植物にも矮性表現型は多く認められるが、農業的には一種の奇形であり鑑賞用以外にさほど価値はない。それに対して半矮性とは奇形的ではない程度での小型の状態を指し、実用的に価値がある。かつての緑の革命は、この半矮性型アレルによって引き起こされた。本章では多収性育種を考える出発点として半矮性に基づくかつての緑の革命を概観し、その経過と問題点を論じる。

1．3．背丈が低いことの重要性

宮澤賢治（1896～1933）は童話作家、詩人として有名だが、もともとは盛岡高等農林学校で土壌学、肥料学を修め、岩手県立花巻農学校に教諭として奉職していた農学者である。彼が、傍から見ると順風満帆であった花巻農学校教諭という立場をあえて辞して、一人で羅須地人協会を立ち上げ農民への理想主義的な直接指導を始めた1926年ごろの詩集、「春と修羅　第三集」の中に、「稲作挿話（作品第一〇八二番）」という詩がある。そこには、

それからいゝかい
今月末にあの稲が
君の胸より延びたならねえ
ちゃうどシャツの上のぼたんを定規にしてねえ
葉尖を刈ってしまふんだ

という一節がある。ここでのイネの品種は、そのころ育種されたばかりで東北地方において普及されつつあった'陸羽132号'だろう。そこで、イネの葉先が胸よりも伸びるということは、先述の半矮性品種がすでに普及した現在では考えにくいほど、半矮性型アレルを持たない昔の品種は背が高かったことを意味する。このように昔の作物は、イネでもムギ類でも現在よりも背が高かった。それは、16世紀ヨーロッパの画家P. Brügelの描く農村風景からも見受けられる。そのため、施用する窒素を多く与えすぎるとさらに背が伸びてイネは根元から倒れ（倒伏）、穂が水に浸かり収量や品質に大きな損失を与える。こういった倒伏がもたらす悲惨さは、「春と修羅　第三集」の中の「和風は河谷いっぱいに吹く（作品第一〇二一番）」や「作品第一〇八八番」にも見られる（「日本の詩歌18　宮澤賢治」1976年、中公新書文庫より）。

これに対して、半矮性型アレルを導入した作物品種はもともと草丈が適度に短縮しており、窒素多施用によってもそれほど草丈が高くなりすぎず強風などの外力によって倒れるのを防ぎ得た。そして何よりも、このアレルの多面発現効果によって厚い葉身が直立することで、窒素多施用と並ぶ近代多収栽培法のもう一つの特徴である密植栽培下でも隣の株との葉の相互遮蔽が軽減され、光合成の源である太陽光を群落全体で万遍なく利用できるように態勢が大きく改善された。すなわち昔の品種には薄い葉が水平に広がるものが多く、密植栽培すると群落の最上位部以外は光が浸透しづらく、群落全体として効率的な光合成が行われにくかった。なおかつ半矮性品種は、草丈が低くなった割には収穫対象である穂の大きさはそのままかそれ以上になっていた。これは後述の用語を用いると、収穫指数の向上につながった（図1）。こういった植物体の草姿を改良していく育種を、草型育種ともよぶ。このように、半矮性型アレルはコムギでもイネでも多肥密植栽培という条件下でその多収能力をいかんなく発揮した。

逆に言うと、それまでのような少肥疎植栽培下では、この半矮性型アレルは多収能力をそれほど発揮できない。すなわち、例えば化学肥料を十分に購入できない農家にとっては、緑の革命をもたらすはずの半矮性品種はそれほど魅力的ではない可能性があった。かつての緑の革命に対する批判の多くは、主としてこれに由来する（例えば、ヴァンダナ 1997）。

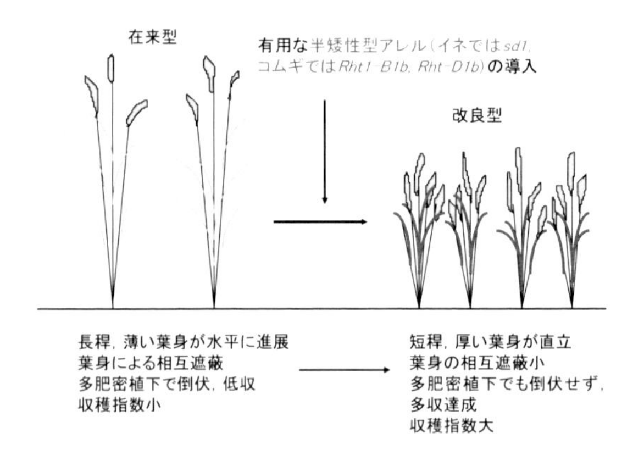

図1　半矮性型アレルの導入による草型育種

1．4．イネの半矮性型アレル

このように半矮性型アレルそのものは、条件にもよるが農業上奇跡的なアレルであり得た。そしてこれらは、イネとコムギそれぞれの在来種中に埋もれていたものが発掘され、交雑育種によって半矮性品種として彫琢された。イネにおける最初の半矮性多収品種は、IRRIが開発した‘IR8’である。IR8は、旧来型の品種、‘Peta’と台湾の在来種、‘低脚烏尖（Dee-geo-woo-gen）’との交雑組み合わせに由来する後代集団から系統育種法によって育成された。この低脚烏尖は「低脚」という名のとおり半矮性型アレル（遺伝子座名は*SD1*（*SEMIDWARF 1*もしくは*OsGA20ox-2*）、アレル名は*sd1*、遺伝子座IDはOs01g0883800）を持っており、それをIR8が受け継いだのである（図2）（藤巻・鵜飼 1985）。

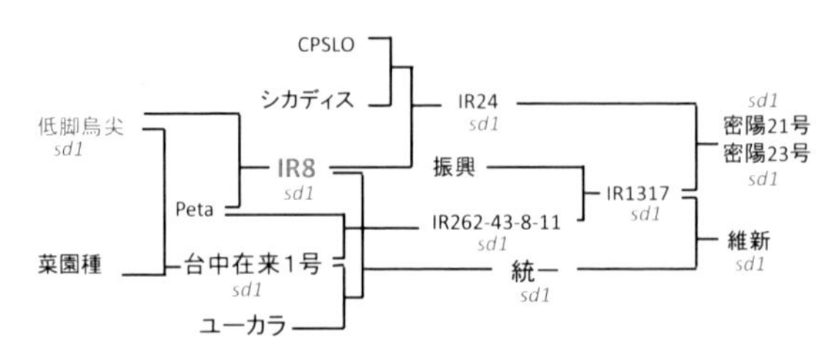

図2　半矮性イネ品種の系譜

藤巻・鵜飼（1985）から著者作成

このIR8自体は、熱帯のイネの主要病害である白葉枯病に弱い等の問題点を抱えていたので、IRRIではIR8がさらに交雑育種によって改良され、'IR24'、'IR36'、'IR72' 等の優良半矮性品種が生み出された。さらにこれら品種は韓国にわたり、'統一'、'維新'、'密陽'、'水原' 等（'密陽' と '水原' では、実際の名称にはこれに「○号」が付く）といった韓国における緑の革命の主役となった半矮性多収品種が開発された。

IR8が受け取った低脚烏尖由来半矮性型アレル、*sd1*は、イネ体内の植物ホルモンの一種、ジベレリンの生合成過程に関与する酵素、GA_{20}酸化酵素に関するものである。すなわち*sd1*に対する野生型アレル、*Sd1*を持つと本酵素が正常に機能してジベレリンが生成、植物体の伸長成長が促進されるが、*sd1*では*SD1*の中に塩基配列上の欠失が存在し機能が失われている。そのため、ジベレリンの生合成過程がブロックされて半矮性となる（図3）（Sasaki et al. 2002, Ashikari et al. 2002, Spielmeyer et al. 2002）。すなわち、本遺伝子座中の小さな欠失がイネにおける緑の革命をもたらしたことになる。

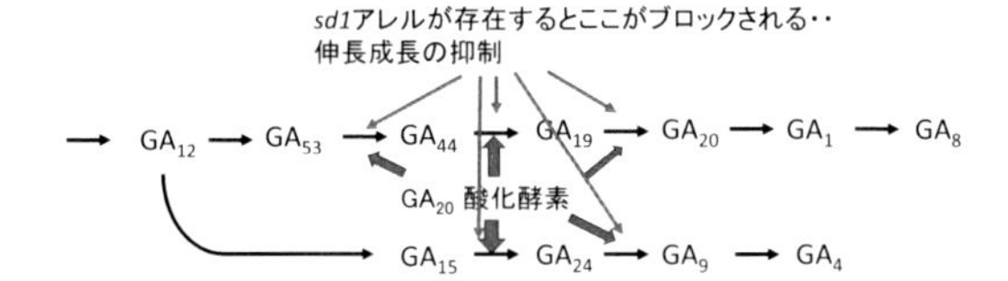

図3　半矮性遺伝子座上の半矮性型アレルについて・・イネの*sd1*

Ashikari et al.（2002），Spielmeyer et al.（2002）から著者作成

因みに、この*SD1*には低脚烏尖由来の*sd1*以外にも、半矮性をもたらす独立に起源した変異型アレルがいくつか知られている。それらは、日本の品種、'十石（在来種）' や 'レイメイ（放射線育種由来）' そしてアメリカの 'Calrose 76（放射線育種由来）' 等がそれぞれ保有している。これらアレルは、いずれも同じ*SD1*内の異なる箇所での塩基配列の変異に由来し、複アレルの関係にある。このように特定の同一遺伝子座上で異なる有用なアレルが複数存在することは半矮性以外の他の遺伝子座でも見られるが、その理由は十分に理解されていない。

1.5. コムギの半矮性型アレル

一方、コムギにおける緑の革命を引き起こした半矮性型アレルは、*Rht-B1b*および*Rht-D1b*である。これらの野生型アレル、*Rht-B1a*および*Rht-D1a*は共にジベレリンの代謝に関連するDELLAタンパク質を生産して体内のジベレリンに反応するが、半矮性型アレルを持つものではこのタンパク質構造が変化し、ジベレリンに反応しなくなって伸長が促進されにくくなる（Van de Velde et al. 2021）。このように、イネでもコムギでもそれらの半矮性型アレルがいずれもジベレリン代謝と関連しているのは興味深い。

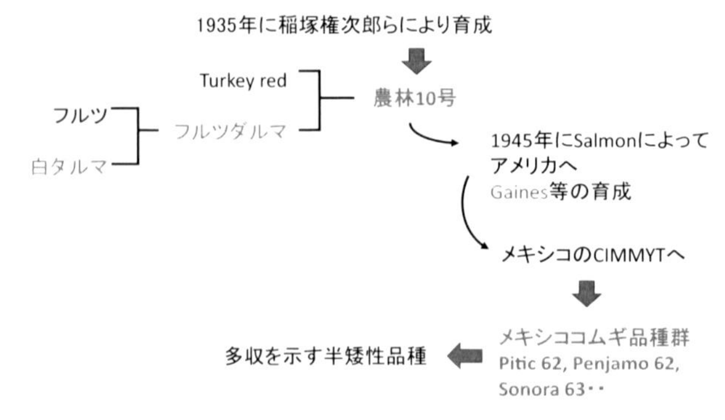

図4　半矮性コムギ品種の系譜

コムギにおける半矮性型アレルの起源と活用の歴史は、多くのエピソードを含んでいる。発端は、1925年に愛媛県立農事試験場（当時）で‘Turkey red’と‘フルツダルマ’間で交雑が行われたことである。この雑種後代が岩手県立農事試験場（当時）に渡り、稲塚権次郎らによってコムギ品種、‘（小麦）農林10号’が1935年に育成された。本品種は半矮性で、片親であるフルツダルマおよびその親の一つである‘白ダルマ’も、「だるま（達磨）」とよばれるように半矮性である（図4）。そして白ダルマ、フルツダルマおよび農林10号の半矮性は、前述の二つの半矮性型アレル、*Rht-B1b*と*Rht-D1b*に依っていた。終戦直後の1945年に、当時の進駐軍顧問であったS. C. Salmonは、日本からこの農林10号の種子をアメリカ合衆国に持ち帰り、当地のコムギ育種素材として活用する途を拓いた。これによって、‘Gains’等の品種が生まれた。そしてこの農林10号およびその雑種がメキシコのCIMMYTにわたり、先述のBorlaugによって‘Sonora 63’をはじめとするメキシココムギ品種群が生まれる起点となった（藤巻・鵜飼 1985, 阪本 1986, 稲塚 2015)。このように稲塚権次郎らは、その当時にしてコムギにおける半矮性導入の重要性に着目し農林10号を育成したが、この品種およびその後代は結果的に日本というよりも世界の食糧事情を好転させたのである。

１．６．半矮性型アレルは万能？

このように、半矮性型アレルはイネとコムギで「革命」を引き起こした。オオムギでも従来から渦(うず)性という半矮性ともよべる性質がいろいろな品種に見られる。一方、トウモロコシでは、半矮性品種は一般に見られない。トウモロコシの場合、その用途は世界的に見ると飼料用、特にホールクロップとして用いる場合が大半なので、植物体の減量は求められないことが理由だろう。

注意すべきは、特にイネの場合、半矮性型アレルの*sd1*によって耐倒伏性が増強したのは事実だが、耐倒伏性品種の全てが半矮性ではないということである。すでに、長稈で大型の品種でも耐倒伏性に優れたものは、‘リーフスター’のようにいくつも育成されている（Ookawa et al. 2010)。あるいは、背が低くなることで、単純に耐倒伏性が増強されるわけでもない。すなわち、*sd1*に依存しない耐倒伏性育種そして多収性育種は十分に可能である。これは、これからの緑の革命を考察する際に重要な鍵となろう。事実、近年における中国の多収品種群のSuper Riceでは、草丈やバイオマスが従来のものよりもやや増加するようになっている（Tang et al. 2017)。バイオマスの増加については、次章以降で詳しく述べる。

また、最近では、かつての緑の革命が上記のように主としてジベレリン代謝遺伝子座に関連していたことから、次の緑の革命は同じ植物ホルモンのブラシノステロイドの代謝遺伝子座が関与するはずである、という見解も見受けられる（Li et al. 2023, Tong and Chu 2023)。これは語呂合わせ的にはわかりやすいが、以降に述べるようにこれからの多収達成がかつての緑の革命のようにごく少数の要因に還元できるかは、悲観的に捉えざるを得ない。

第2章　バイオマスの形成と収量の成立

2．1．作物の成長・バイオマス・収量

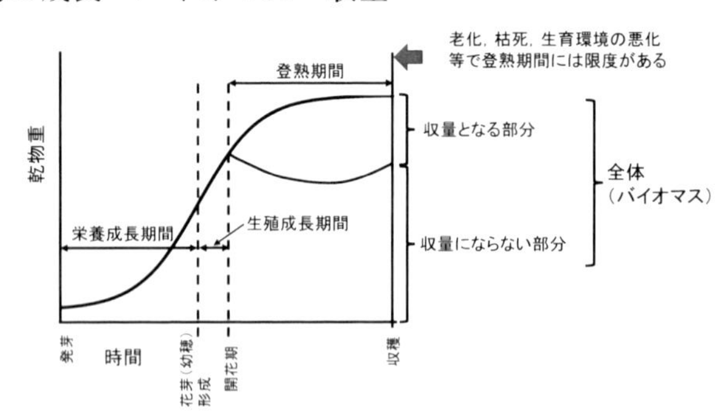

図5　作物の成長とバイオマス形成

図5は、イネのような一年生種子繁殖作物の発芽から収穫までの一般的な成長プロセスを、乾物重の時間経過に伴う変化過程として示している。このような成長曲線は、大部分がロジスティック曲線（通常は1次ロジスティック方程式で記述できる）の様相を呈する。1次ロジスティック方程式は、ベルギーの数学者、P. F. Verhulstによって1835年ごろに生物集団の個体数動態を記述する以下のようなモデルとして提案された。

$$dw/dt = rw(1 - w/K) \qquad (1)$$

ここでwは乾物重、tは時間であり、rは内的増加率、Kは環境収容力とよばれる。式(1)右辺のカッコ内を無視する（1とする）と、これは「成長速度はその時点での大きさに比例する（比例定数はr）」、という成長の複利法則を表す。複利法則の式を解くと単純な指数関数となってwはtの増加に伴い無限に増加することになるが、それでは現実と合わない。そこで成長の飽和量であるKを設定し、wがKに近づくにしたがって比例定数が直線的に減少するように考える。式(1)のカッコ内はそれを表す。これで表されるロジスティック曲線は、多くの生物集団の個体数さらには一個体の大きさといった広範な対象の時間経過に伴う変化の記述に対応し、生物成長の解析において一般的に用いられている。

このようにして決定される個体もしくは単位面積当たり群落の全体量、特に

最終的なものをバイオマス（biomass）とよぶ。収量を考える上で重要なのは、一般に子実を収穫対象とするイネやコムギ、ダイズ等の子実作物では、収量となる部分はこのバイオマスの一部であるという事実である。そして、この収量の部分（経済的収量）のバイオマス（生物学的収量）に占める割合を、収穫指数（または収穫係数、harvest index）とよぶ。すなわち、「収穫指数＝経済的収量/生物学的収量」となる。これからただちに、

収量＝バイオマス×収穫指数　(2)

という自明なモデルが描ける。因みに、植物体全体を収穫対象とする牧草類あるいは最近のホールクロップサイレージ用の飼料イネは、(地上部に限定して)収穫指数は常に1.0となる。

２．２．多収に向けた戦略

それでは、本著の主題である子実収量を高めるにはどのようにすべきか。それは、式(2)から、(i)収穫指数は低下させずにバイオマスを増加させる、(ii)バイオマスは低下させずに収穫指数を増加させる、そして(iii)バイオマスと収穫指数をともに増加させる、以上の3種類の戦略が当然、理屈の上では考えられる。

このうちバイオマスを増加させるのは、非遺伝的な手段である栽培方法の改善でも遺伝的な手段である育種でも可能である。すなわち施肥や水管理等の環境管理（栽培)、投入養分、特に窒素の吸収利用効率の向上（栽培および育種)、さらには植物体を大きくするような遺伝的能力の改善（育種）等によってバイオマスは増加する。そのためには、群落の光合成産物生産能力さらには個葉光合成速度を向上させる必要がある。これについては、第3章で詳述する。

次に収穫指数を増加させることは、あるバイオマスの下で収量を高めることに結局帰着するので、収量を高めるために収量を高める、という同語反復に過ぎなくなる可能性がこの文脈では高い。すなわち、収穫指数は結果として定まると考えられる。そこで、子実収量を問題とする場合には、もう一つの収量を捉えるモデルが必要になる（青木・大杉 2016, Kato 2020)。それが次式である。

収量＝収量シンク容量×充填効率　(3)

式(3)右辺第1項の収量シンク容量とは、収穫対象となる物質（例えばデンプン）が貯蔵される器官（これを収量シンク器官とよんでおく）の、その遺伝子型がその環境下で準備できた容量（yield sink capacity、単位は重量/単位面積）であり、第2項の充填効率（シンク充填率、filling efficiency）とはその容量に対して実際に収穫対象物質をどこまで詰め込むことができたかを表す割合（無名数）のことである。すなわち、このモデルは収量の入れ物の大きさとそれに対する収量の実現効率の積として、収量を考えるのである。したがって、収量シンク容量をなるべく増大させた上でその中へと光合成産物をより多く充填させれば収量は増加する。これについては第4章で詳述するが、今一度図5を見てみよう。

作物は発芽後、すでに種子中で分化していた茎頂分裂組織がしばらくの間茎や葉等の栄養器官を次々と分化する（詳しくは第4章）。ここである条件が整うと、茎頂分裂組織は次世代を形成するための生殖細胞を含む生殖器官、花芽や穂（幼穂）を分化する。この時期を花芽形成（幼穂形成）期、それまでを栄養成長期、それ以降を生殖成長期、さらに、開花、受精以降を登熟期とよぶ（図5）。そして子実作物の多くでは、遅くても開花期までには収量シンク容量（穂数、穎花数/穂、等）はすでにほぼ決定済みでそれ以降は原則として増大せず、開花後すなわち登熟期にはその入れ物に内容がひたすら充たされ、最後は最大値に達し収量が決定される。

ここでイネ科作物の場合、収量に該当する最終穂重は「穂重増加速度×増加期間」としておおよそ表される。この最終穂重を増加させるには、増加速度もしくは増加期間のどちらか、あるいは両者を増加させればよい。ただし、収量シンク容量が制限となって最終穂重が限界に達していれば両者を同時に増加させるのは困難であり、その意味でも収量シンク容量の増大は重要である。このうち増加速度の向上については、第4章で詳述する。問題は増加期間の延長である。この延長を図るには、図5における登熟期間（＝増加期間＋生理的成熟期間）を延長することが必須である。そのためには、適度な早生化を施すことが一つの方策として考えられる。

それは、日本におけるイネ栽培のように登熟後期になるにつれて気温が低下し栽培環境が劣化する状況下では、この登熟期間は後に伸ばせないからである。したがって前に伸ばす、すなわち早生化することが妥当である。北海道のようにイネをその栽培北限に近い場所で栽培する場合、通常の登熟期間の確保という点から早生化が捉えられてきた。一方このような制限の少ない温暖地域においても、多収達成の観点から適度な早生化が行われるべきである。早生化に関連した植物の花芽形成誘導機構の解明は、農業的にも植物生理学的、分子生物学的にも重要な課題である。これまでにも詳細な遺伝的機構がイネに関して明らかになっており（井澤 2020）、数多くの遺伝子座で優良アレルが無意識的か意識的かを問わず探索、利用されてきた。ただし、極度の早生化は栄養器官の発育が不十分のまま生殖成長へ移行してしまうこととなり、収量の素材である光合成産物が十分に生産できないので、当然不適切である。

登熟期間が早生化によって延長されたならば、当然、その期間では高度な収量形成活性が持続していなければ、上記の穂重増加期間延長は達成できない。従来は、開花後の窒素追肥、いわゆる実肥等によって活性持続が図られてきた。一方で食味向上の観点からは、実肥は避けられる傾向にある。また、Wang et al.（2019）は、登熟期間中の土壌中庸乾燥処理、あるいは間断灌漑によって登熟程度が向上することを報告している。これも上記の活性持続と関連するだろう。これについては特に資源低投入下で問題となるので、第5章で詳述することとする。

2．3．ソースとシンク

これまでに、「シンク」という重要な用語がすでに登場した。本著では、シンクとその対になる「ソース」という用語によって収量形成に関わる多くの生物学的過程を論じるので、あらためて解説する。ソース（source）とシンク（sink）は、植物体内を物質（収量を考える場合は光合成産物）が移動する場合、それぞれその移動元と移動先を表す用語で、Mason and Maskell（1928）がワタの体内における炭水化物の動態を解析する際に初めて用いられたとされる。ソースには源、シンクには台所の流しの意味がある。ソースおよびシンクに相当する器官や組織は、成長のそれぞれの時点での状況によって変遷する。例えばイネ等の場合、開花前では最上位の未発達葉がシンクでありそれより下位の葉がソースとなって光合成産物を移動させるが、開花後では穂もしくは胚乳細胞が主要なシンク、上位葉がソースになる。また、ソースおよびシンクの機能程度を表すものに「強度（strength）（単位は重量/単位時間）」があり、これは「サイズ（size、重量）×活性（activity、/単位時間）」として捉えられる（Wilson 1967）。

以上をふまえてあらためて式(3)を見てみると、右辺第1項の収量シンク容量はシンク強度のうちのシンクサイズが当てはまる。問題は第2項の充填効率である。これは、詳しく見るとソース強度、転流効率および収量シンク活性の関数と考えられる。このうちソース強度はソース器官の光合成産物生産能力、転流効率はソース器官から収量シンク器官への光合成産物の長距離および短距離輸送の効率に相当する。一方、収量シンク活性については、現時点では一般論として特定の対象に限定することは困難である。これは、ケースバイケースで様々な面があり、またどれが原因でどれが結果か不明瞭なこともある。そして、これらの構成要素は互いに独立ではなく密接に関連しあっている。いずれにせよこれ以降は、この式(3)に基づいて収量の成立機構を考え、多収性育種、次の緑の革命を鳥瞰することにする。

第3章　ソース強度とその改良

3．1．ソース活性すなわち光合成能力

作物の「ソース強度＝ソースサイズ×ソース活性」のうちの右辺第1項は光合成を行う器官（主として葉身）の量（通常は面積）に、第2項は単位葉面積当たり、単位時間当たりの光合成産物生産能力（以下光合成能力とする）に該当する。ソース強度については、これが光合成産物量およびバイオマスや収量の増加に寄与するのは自明であり、これまでに分子レベルから圃場の群落レベルに至るまで膨大な研究が積み重ねられてきたし、今後も進展するだろう。ソース活性である光合成能力は、当初は群落レベルでの成長解析における純同化率、すなわち単位葉面積当たり個体乾物重増加速度として測定されてきた（第3. 4節）（Watson 1947）。一方近年では、光合成能力は単位葉面積当たりの個葉光合成速度として、赤外分光によるCO_2濃度低下速度測定あるいはクロロフィル蛍光測定等を基に屋外のオンサイトかつリアルタイムでの計測が可能となっている。純同化率と個葉光合成速度は、測定目的は同じでも次元の異なるパラメーターであることに留意する必要がある。

光合成（photosynthesis）は、植物にとってその葉緑体内で行われる基本的かつ特異的な生理反応であり、農業はもとより地球上の生命および地球そのものの歴史を大きく変えた驚くべきプロセスである。これについての詳細は他書に譲るが、概要を述べる。一言でこの反応を述べるのは簡単である。光合成とは、水とCO_2を基にして、光のエネルギーで炭水化物とO_2を生成することである（図6）。O_2は、水が分解される際の副産物であり、地球生命史的には放出されたO_2を基に呼吸を行う生物が出現し、かつオゾン層が形成されて太陽から地上への紫外線到達量が減退し、生物が海から地上へと進出することを可能にした。原料となるCO_2は、大気中から表皮上の気孔を通過し、葉肉細胞の間を拡散して葉緑体に至る。このCO_2の動きには気孔伝導度と葉肉拡散伝導度が関与する（図6）。水は根を中心に土壌中から吸収されるとともに、水蒸気としても気孔から体内に入る。

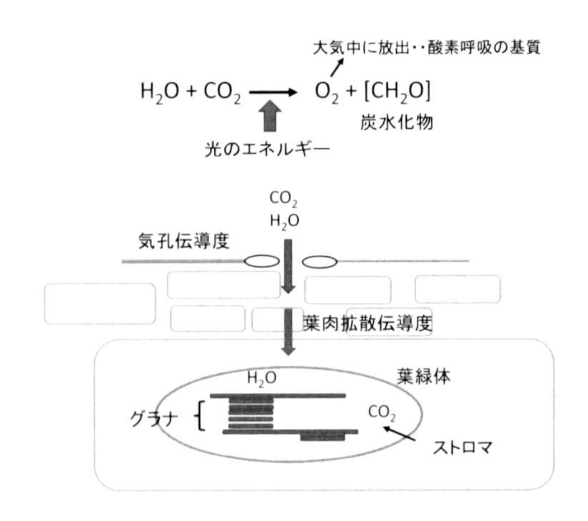

図6　光合成のマクロ的過程

葉緑体内での光合成反応は、明反応と後述のC_3回路（カルビン・ベンソン回路、暗反応）からなる。明反応は、葉緑体のグラナを構成するチラコイド膜上で行われる。ここではまず、水が光のエネルギーによって上記のように分解され、O_2が放出される。同時に生じるプロトン（H^+）と電子の酸化還元エネルギーを基にNADPHおよびATPが合成される。これらを用いて、葉緑体内のストロマでのC_3回路においてCO_2が還元され炭水化物が合成される（図7）。この回路へとCO_2が取り込まれるのは、リブロース 1, 5-二リン酸（RuBP）と結合するところのみであり、それを触媒するのがリブロース 1, 5-二リン酸カルボキシラーゼ/オキシゲナーゼ（EC 4.1.1.39）、通称RuBisCOである（図8）（Spreitzer and Salvucci 2002）。本酵素は葉中に大量に含まれており、体内に吸収された窒素の主要なシンクでもある。CO_2と結合したRuBPは、2分子の3-ホスホグリセンリン酸（PGA）に、さらにグリセルアルデヒド 3-リン酸（GAP）を経てフルクトース 6-リン酸（F-6-P）になる。C_3回路自体は、このGAPやF-6-Pがさらに代謝されてリブロース 5-リン酸を経てRuBPに戻って回路が閉じる（図8）。なお、この回路には多くの複雑な経路が並存し、多数の中間代謝物と酵素が関わる（増田 1988）。結局、これら明反応とC_3回路で用いられる水とCO_2以外の物質は反応内でほぼ循環しており、外部から大量に取り込む必要はないことがわかる（図7）。

光合成

- 明反応・・葉緑体チラコイド膜上で
  - ・・光のエネルギーによって水を分解・・ATPとNADPHを生産
  - ・・酸素の放出
- C_3回路（カルビン・ベンソン回路，暗反応）
  - ・・葉緑体のストロマで
  - ・・ATPとNADPHによってCO_2を$[CH_2O]$に固定

明反応：

$$H_2O + NADP^+ + 2ADP + 2Pi \rightarrow 1/2\ O_2 + 2H^+ + 2H_2O + NADPH + 2ATP$$

C_3回路（カルビン・ベンソン回路，暗反応）：

$$CO_2 + H_2O + 2NADPH + 3ATP + 2H^+ \rightarrow [CH_2O] + O_2 + 2NADP^+ + 3ADP + 3Pi$$

C_4型およびCAM型ではC_3回路へ入る前にCO_2を濃縮する回路がある

図7　光合成のミクロ的過程

RuBP：リブロース 1,5-二リン酸
PGA：3-ホスホグリセリン酸
GAP：グリセルアルデヒド 3-リン酸
DHAP：ジヒドロキシアセトンリン酸
F-6-P：フルクトース 6-リン酸
Ru-5-P：リブロース 5-リン酸
1,6-FBP：フルクトース 1,6-二リン酸

RuBisCO：RuBPカルボキシナーゼ/オキシゲナーゼ

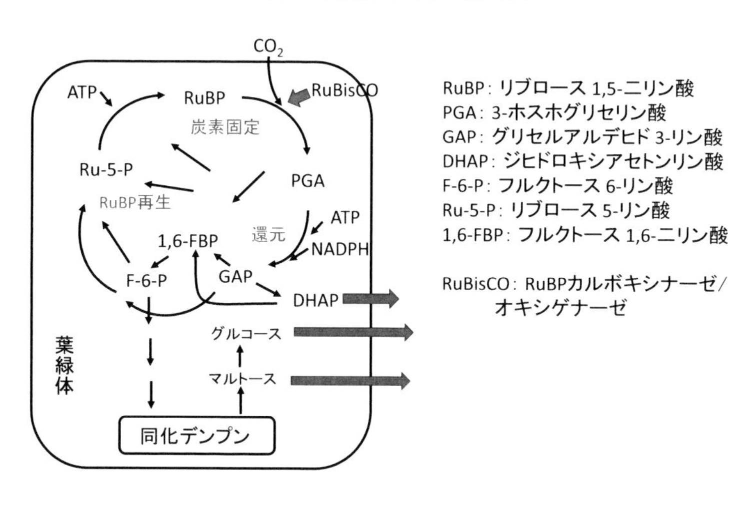

図8　C_3回路（カルビン・ベンソン回路）

３．２．光合成回路から転流過程へ

このように循環する回路の中で上記のF-6-Pが出発点となって、グルコース 6-リン酸（G-6-P）、グルコース 1-リン酸（G-1-P）、ADP-グルコースを経て同化デンプンが葉緑体内で合成される。同化デンプンは、子実作物等では収量に直接関係しない一時的なもので、再びβ-アミラーゼ（EC 3.2.1.2）やマルター

ゼ（EC 3.2.1.20）で分解されてマルトースやグルコースとなる。これらはそれぞれのトランスポーターを経て細胞質へ移動し、再びジヒドロキシアセトンリン酸（DHAP, またはトリオースリン酸）まで戻る。葉緑体中のDHAP自体も、葉緑体包膜をトランスポーターによって通過して細胞質へ移動する。この細胞質中のDHAPは解糖系へと運ばれ呼吸基質になるが、もう一つの重要な役割として前述のグルコースとともに再びG-6-P、G-1-Pを経てUDP-グルコースとなるものがある。これからショ糖-リン酸合成酵素（EC 2.4.1.14）等によって最終的にショ糖が合成される（図9）（増田 1988）。このショ糖は、イネ科作物をはじめとする多くの植物では実際の収穫対象となる収量シンク器官である胚乳へと転流する光合成産物の主要な（場合によっては唯一の）形態である。この転流（translocation）をいかに効率的に行うか、が多収達成の鍵の一つとなる。これについては、第4章で詳述する。

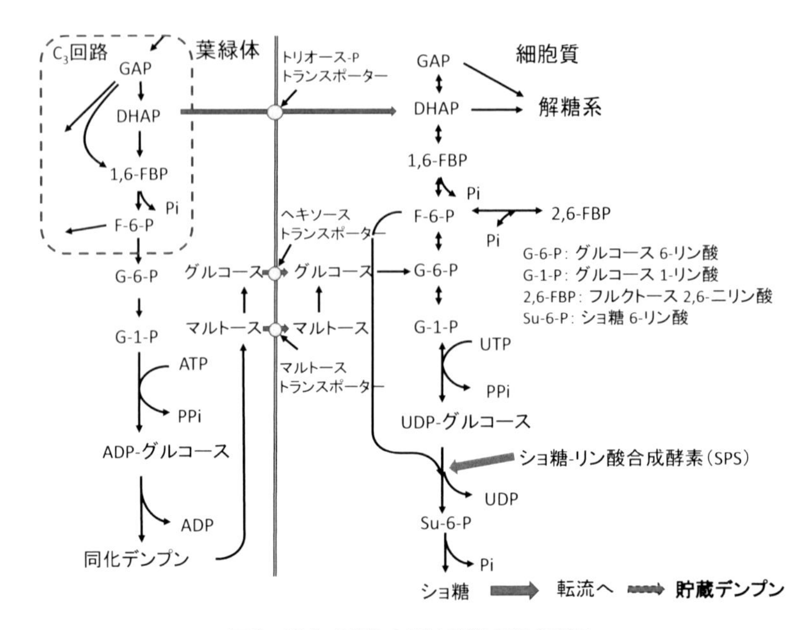

図9　光合成産物の転流形態の形成過程

３．３．光合成能力のミクロレベルでの改良

イネやコムギ、ダイズ等は、CO_2の固定に上記のC_3回路のみを用い、C_3植物とよばれる。一方、RuBPとの結合を経てC_3回路へCO_2が導入される直前に、C_4回路と総称される別の回路によってCO_2を濃縮する植物がある。主要作物のトウモロコシやソルガム等がそれにあたり、C_4植物とよばれる（増田 1988, 上野 2016）。さらにサボテン類等は、同じCO_2濃縮を行うCAM回路を持ち、CAM植物とよばれる。C_4植物は、強光下でも光合成能力が平衡に達しにくい、水利用効率が高い、C_3植物に見られる光呼吸が少ない等の優良な特性を持つ。したがって、このような高効率の光合成に必要なC_4回路に関する主要酵素、ホスホエノールピルビン酸カルボキシラーゼ（EC 4.1.1.31）等、およびC_4植物特有のクランツ構造等をC_3植物であるイネやコムギに導入して光合成の効率化を図る試みが従来から行われている（Furbank et al. 2009）。ただし、十分な成果を上げているとは未だ言い難い。

C_3植物のC_4植物化以外にも、葉緑体内のミクロな代謝工学的観点から収量増加に向けて光合成能力を向上させる試みが多くなされている。一つは、鍵酵素である上記のRuBisCOあるいはRuBisCO活性化酵素等の改良によるC_3回路の効率化である（Kanno et al. 2017, Kubis and Bar-Even 2019, Yoon et al. 2020, Koper et al. 2021a, Qu et al. 2021）。もう一つは、RuBisCO以外のC_3回路内で機能する酵素の改良である。Tamoi et al.(2006)は、フルクトース 1, 6-二リン酸化酵素とセドヘプチュロース 1, 7-二リン酸化酵素に関連する優良アレルを藻類から導入する試みを行っている。さらに、呼吸との関連で光合成システムを改良する戦略も示されている（Garcia et al. 2023）。これらの手法によって、光合成能力の向上や栄養体の増大といった結果が得られているが、これらのみで子実収量の確実な増加をもたらすのは困難だろう（Sinclair et al. 2019, Paul 2021）。むしろ、上記の光合成能力の改善とともに、ソースサイズをも考慮した群落としての光合成態勢の改良を試みるのが現実的と思われる。

３．４．群落生産構造の改良

群落としての光合成能力を表す一指標である純同化率（Net Assimilation Rate, NAR）は、成長解析（growth analysis）での群落成長速度（Crop Growth Rate, CGR）の次式、

$$群落成長速度（dw\rho/dt）=葉面積指数（L\times\rho）\times純同化率（dw/dt\times 1/L）\quad(4)$$

における右辺第2項である。ただし、wは個体乾物重、ρは単位面積当たり個体数（密度）、Lは個体当たり葉面積である。因みに式(4)は、本章冒頭に示した、「ソース強度=ソースサイズ×ソース活性」と対応していることがわかる。いずれにせよ、大局的に見てバイオマスを増加するためには、局所的に見てそれぞれの発育ステージにおけるCGRを上げる必要がある。そのためには、式(4)の右辺のどちらかもしくは両方を大きくすればよい。播種して出芽直後の植物体が小さい時点では早々に葉面積を拡大することが肝要だが、発育が進んで葉面積指数（単位土地面積当たり葉面積、Leaf Area Index, LAI）が1.0を超えるころには徒に葉面積を増やしても相互遮蔽が深刻になり、光利用効率が低下してNARが押し下げられる可能性がある。このジレンマを解決するには、群落内で葉面積を十分に確保しつつ、光利用効率を上げてNARを維持もしくは増強する必要がある。かつての緑の革命の原動力となった半矮性型アレルの示す多面発現効果、すなわち直立葉の形成は、草型の改良を通じた有効な戦略の一つである。

葉身が直立することは、イネ科植物の場合、葉身と葉鞘の結合部の組織的特性として実現する。これには従来から、ブラシノステロイド等の植物ホルモンが関与するとされている（Wang et al. 2020）。これによって密植栽培下でも隣の株の、あるいは自分自身の株内の葉身が空間的に重なり合いにくくなり、太陽光が群落内部まで浸透しやすくなる。このことを定量的に示すパラメーターとして、（群落）吸光係数（K）がある（Monsi and Saeki 1953, Hirose 2005）。これは、次のように表される。

$$K = (\log_e \frac{I_0}{I}) / F \qquad (5)$$

ここで、I_0とIはそれぞれ群落中のある層の最上部と最下部での光量、Fは光が通過する層における葉の量（葉身乾物重）である。このKは、分光測光におけるLambert-Beerの法則のモル吸光係数と同じ意味を持ち、この数値が小さいほど光は群落内へ浸透しやすいことになる。直立葉の群落は、水平葉の群落に比べKは小さくなっている（齊藤 2016）。

イネにおいては、太陽光の群落内部への浸透を助長できるもう一つの戦略として適度な株開張性の活用がある（表紙写真参照）。この性質は、茎が株元から開くように配置するもので、ほとんどのインド型品種で見られるが日本型品種ではまずない。本形質に関与する遺伝子座としては、第9染色体上の*TAC1*（Os09g0529300）が挙げられる。この座の3'側非翻訳領域に当たる第4イントロン3'側末端でスプライシングに関わる塩基に置換が生じて、これが株開張性の原因となる（Yu et al. 2007）。他にも*LAZY1*（Os11g0490600）等が株開張性に影響する（Yoshihara and Iino 2007, He et al. 2021, Bai et al. 2022）。いずれも、株開張性は茎の基部にある葉沈組織中のデンプン顆粒が重力センサーとなって発現する負の重力屈性が減退したことで生じるとされ、デンプン代謝の異常を示す変異体でも株は開張する（Okamura et al. 2013）。この株開張性によって群落内での光の浸透が促進されたり、また株内での微気象的環境が改善されて群落の光合成能力、ガス交換能力が増大したり、病害虫に対する耐性が強化されたりすることにもつながり得る。ただし、極端な株開張はむしろ株間の相互遮蔽を導くので当然不適切である。

中国の研究者からは、群落上部に直立した穂（直立穂）を配置することで群落光合成能力の向上や群落内の微気象的特性の改善に寄与できる、とする報告がある（Xu et al. 2016）。この性質はイネ第9染色体上の*DEP1*（Os09g0441900）等によって制御されている。これはまた、近年の中国におけるSuper Rice、特に日本型のものが持つべき特性としても捉えられている（Tang et al. 2017）。さらに、穂を直立させるような穂軸の頑強性を、後で述べる穎花数/穂の非常に多い極穂重型品種に付与できる可能性がある。極穂重型品種の穂軸は穂の重みで完熟までに折れることがあるからである。

第４章　転流および収量シンク強度とその改良

４．１．ふたたび収量の成立過程について

収量として子実部分を対象とする子実作物の場合、先述の式(2)のようにできれば収穫指数もバイオマスと同時に高める必要がある。この収穫指数の向上は、結局収量の増加によって結果的にもたらされるものであることは、すでに述べた。収量増加のためにはまず、先述の式(3)に示されているような収穫物となる部分の潜在的大きさ、すなわち収量シンク容量を増大することである。それに加えて重要なのは、ソース器官で生産された光合成産物の全てが収量シンク器官へ移動するわけではない、という事実である。したがって、収量の成立とその増加には、(i)収穫対象となる収量シンク容量をいかに増大させるか(収量シンク容量の増大)、(ii)光合成が行われるソース器官のソース強度をいかに増大させるか（ソース強度の増大)、(iii)ソース器官の葉肉細胞から収穫の対象となる収量シンク器官の胚乳細胞まで、どのように光合成産物を移動させ（転流効率の向上)、(iv)確保した収量シンク器官に蓄積させるのか（収量シンク活性の増大)、さらに、これら全てをバランスよく、いかに効率的に機能させるかが肝要となる。すでに述べた早生化による登熟期間の延長は、この(iii)と(iv)に関わる。以下では、これら(i)から(iv)のうち、(ii)ソース強度の増大はすでに前章で論じたので、残りの項目について、イネを主たる対象として順に考えていく。

上記（i）の収量シンク容量の増大については、従来の収量構成要素に準じて考えるのが現実的である。イネの場合は、次式のようになる。

$$\text{収量（g/m}^2\text{）＝穂数/単位面積（本/m}^2\text{）×穎花数/穂（個/本）}$$
$$\text{×一粒重（g）×登熟歩合（\%）} \qquad (6)$$

すなわち、式（6）右辺第1、2および3項の積は式（3）の収量シンク容量が、第4項は結果として充填効率がそれぞれ該当する。そこで､式（6）右辺の穂数、穎花数、一粒重の順でこれらの形質の決定過程および改良について述べる。なお、登熟歩合以外の収量構成要素についての分子的な制御に関しては、Li et al.(2021a)、Tanaka et al.(2023)および Yan et al.(2023)による総説がある。

4．2．穂数/個体の決定

イネ等の茎頂分裂組織においては、成長点で細胞が活発に分裂し、成長点自体は分裂、増加した細胞群をその下部へ押し込めることで、自身は上に向かって上昇していく。それと同時に、分裂した細胞群はファイトマー（phytomer）とよばれる形態学的単位として分化し、ちょうど達磨落としのコマのように茎頂分裂組織を頂点として積み重なった構造を形成する。これらのコマ一つ一つにあたるのがファイトマーと言える。発芽前の胚中でも、数個のファイトマーがすでに分化している。

発芽後のこれらファイトマーは、節とよばれる円盤状の硬い組織で直上および直下のファイトマーと密着しており、それ自身は空洞をもつ円柱状構造である節間が対応する。これら連続した節間が連なり稈、葉も含んだものが茎となる。それぞれのファイトマーには、最上位に葉（葉身と葉鞘）、葉身の着生位置の対極で最下位に分げつ芽（側芽）が発生する（図10）。そして、隣り合ったファイトマーの葉（および分げつ芽）の着生位置は上から見て180度の関係にある（開度1/2）。さらに、ファイトマーはその上位と下位に根原基を分化している。この根原基から発生するのが冠根である。種子に存在する根端分裂組織由来の種子根がただ1本であるため、イネやコムギ等では1個体の根は事実上全て冠根である。

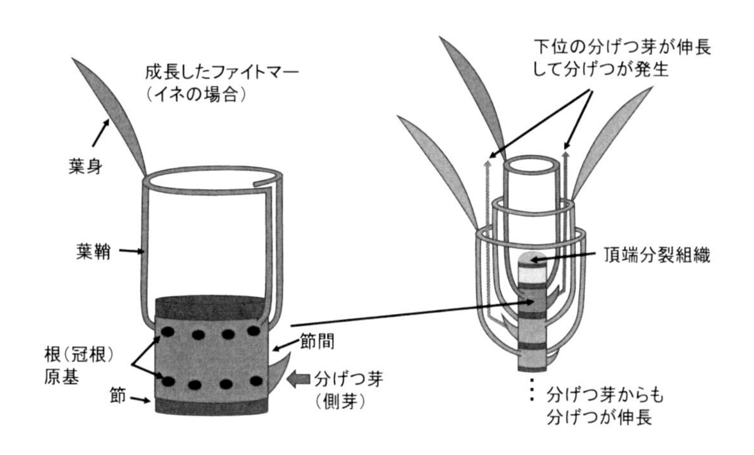

図10　イネ科植物のファイトマー

ここで収量シンク容量を構成する穂数/個体と密接に関係するのが、分げつ芽の動態である。分げつ芽が正常に伸長すると分げつ（tiller）となる。種子中の茎頂分裂組織を頂点とする茎を主茎（主稈）とすると、主茎から発生する分げつは主茎と相似構造を示す。すなわち分げつでは主茎と同様ファイトマーが積み重なっており、最上部には分げつの茎頂分裂組織が存在して活発に分裂、分化を続ける。当然、分げつにおけるファイトマーにも分げつ芽が存在し、そこからもさらに分げつが発生する。主茎から発生する分げつを1次分げつ、1次分げつから発生するものを2次分げつ、等々とよぶ。このように、最初は種子中の茎頂分裂組織由来の1本の茎であったものがネズミ算式に多数の茎を形成することとなる（図11）。ただし、分げつ数増加には当然限界がある。原則として、分げつ芽から分げつが発生しうるのは主茎も分げつも茎基部にある数個のファイトマーに限られ、高位のファイトマーからは分げつは発生しない。一方、特殊な栽培条件下や人為的に開花後の穂を切除すると高位分げつの見られる場合がある。また、高位分げつは独立した2遺伝子座に関して二重潜性の遺伝子型を持つ個体において発生する、という報告がある（Kato 2019）。高位分げつ発生を抑制する生理的機構は未だ不明だが、植物で一般的に見られるホルモンを介した頂芽優勢の関与が推察される。高位分げつから発生する穂はほぼ不稔で子実収量には貢献しないが、この現象の生理学的解明から、穂数/個体

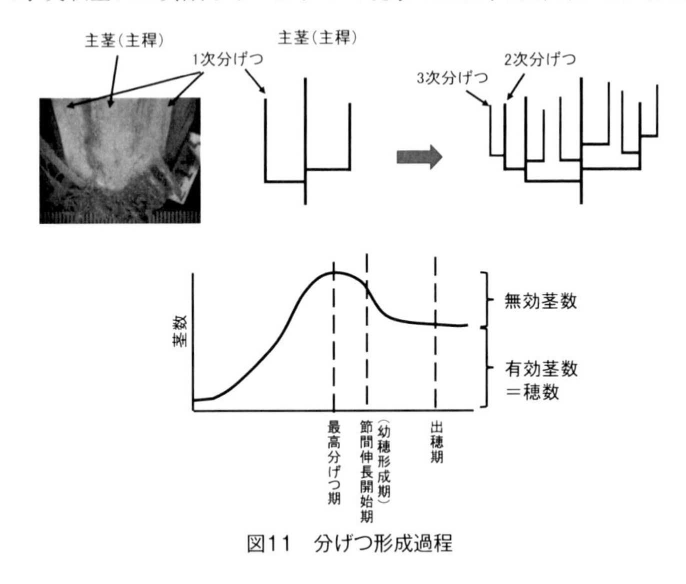

図11　分げつ形成過程

を人為的に制御する途が拓ける可能性がある。

時間経過に伴い分げつ数/個体は、およそ移植時から増加し始め、ロジスティック曲線的増加の様相を呈するが、やがて最高値に達する（その時期が最高分げつ期）。その後、分げつ数は弱勢の分げつの退化等によってやや減少する。そして第2章で述べたように、条件が整うとこれら主茎、分げつの茎頂分裂組織は、それまでのファイトマーを分化していた栄養成長相から生殖成長相へと相転換を行い、幼穂を形成する。すなわち、主茎、分げつのそれぞれから1本の穂が出現し、子実収量の器、収量シンク容量の一部であり収量構成要素の一つでもある穂数/個体が決定される。最終穂数を最大分げつ数で除したものを、有効茎歩合とよぶ。また、最高分げつ期以降退化した分げつおよび穂を着生しなかった分げつを、無効分げつとよぶ。

穂数/個体は、環境要因、特に株間、株内の密度の影響を受けやすく、収量構成要素の中では遺伝率が相対的に低い形質として認識されている。一方でイネでは、単稈突然変異体（Li et al. 2003b）や多分げつ型遺伝子座、*OsTB1*（Os03g0706500）（Takeda et al. 2003）、さらには上記の高位分げつ性に関わる遺伝子座も確かに存在するし、従来から穂重型との対比で穂数型の品種が知られている。しかし、穂数が増加すると穂を着生する茎数も必然的に増加し、そのため茎に着生する葉が過繁茂となって群落としての光合成効率を低下させる可能性がある。近年の多収性育種、特にIRRIのNew Plant Type（NPT）や中国のSuper Riceのような多収品種の開発では、穎花数/単位面積の確保や増加において穂数はむしろ抑制し、後述のように穎花数/穂を増加させたり栽植密度を高めたりする方策が意図されている（Peng et al. 2008, Khush 2013, Tang et al. 2017）。

4．3．穎花数/穂および粒大の決定

イネの穂は、穂軸から枝に当たる枝梗が分化、その枝梗からさらに高次の枝梗が発生してそれらに穎花（頴花、小穂）が着生する複総状花序であり、英語ではpanicleと通常はよばれる。一方で、コムギの穂は穂軸に直接小穂が分化し、その小穂中では小穂軸にさらに小花が発生する複穂状花序であって、spikeとよばれる。以下、イネの穂の中の穎花の形成過程について述べる。

生殖成長相へと転換した直後の茎頂分裂組織は、まずその基部に苞を発生するが、これは後に退化する。その後、縦方向に伸長した組織（後の穂軸）の縦

軸に沿って1次枝梗原基が十数個程度分化し、後の1次枝梗数の最大値が決まる（図12）。このころには茎頂分裂組織は成長を停止して、やがて退化する。なお穂軸に1次枝梗原基が分化する際には、ある1次枝梗は穂の上から見てそれから2回まわった5個上の1次枝梗と重なるようになる（開度2/5）。これは、幼穂形成前での隣接するファイトマーの葉身や分げつ芽が開度1/2であったのとは対照的である（星川・新田 2023）。

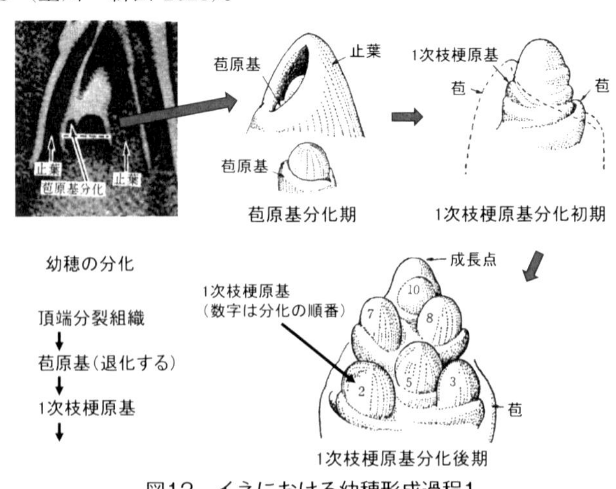

図12　イネにおける幼穂形成過程1

星川・新田（2023）から著者作成

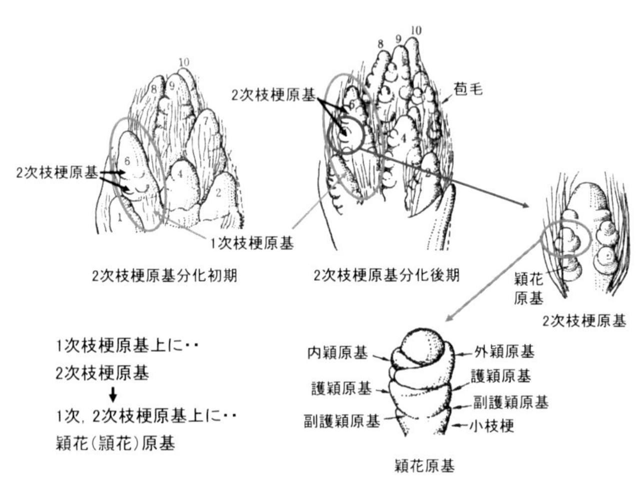

図13　イネにおける幼穂形成過程2

星川・新田（2023）から著者作成

穂軸に発生したそれぞれの1次枝梗原基の基部には、数個の2次枝梗原基が分化する（図13）。これらの2次枝梗原基の頂端部と側部、および1次枝梗原基の頂端部と側部で2次枝梗を分化していない部分に、将来穎花となる穎花原基が分化する（図13）。これらの2次枝梗原基と穎花原基の1次枝梗原基上での着生は、ほぼ対性である（星川・新田 2023）。また、2次枝梗原基は必ず1次枝梗原基の基部側にのみ分化する、という大原則がある。さらに、通常の品種や栽培条件では枝梗の分化は2次枝梗までに抑制されているが、まれに3次枝梗が2次枝梗原基上に分化することもある。しかし、4次枝梗以上の高次枝梗はまず分化しない。このような穂内の原基の分化には強力な遺伝的制御が機能していると推察される。その一例が、第7染色体上の*FZP*（Os07g0669500）における各種の変異型アレルである。これら変異型アレルによって、通常は穎花原基になるものが枝梗原基に変換されて高次枝梗が生まれ、穎花は分化しない（Li et al. 2021b）。逆にこの座の野生型アレルは、そのような奇形を誘発しないように穂の形成過程を制御しているはずである。また、*OSH1*（Os03g0727000）上の野生型アレルは、茎頂分裂組織から穂が形成される過程で中心的な役割を果たすとされる（Chun et al. 2022）。

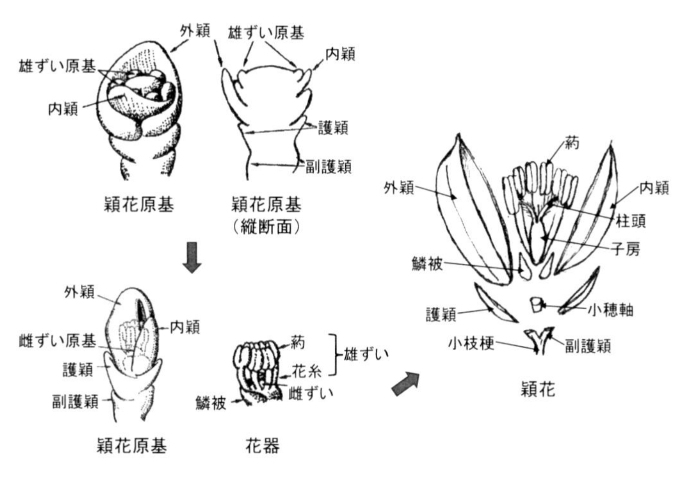

図14　イネにおける穎花とその形成過程

星川・新田(2023)から著者作成

各々の穎花原基では、基部から順に、後の小枝梗、副護穎と護穎（いずれも1対）、内穎および外穎、1対の鱗被、そして1個の雌ずいとその基部に花糸と葯からなる雄ずいが6個分化する（星川・新田 2023）（図14）。ここでは、穎花原基の基部から苞に似た環状の突起が次々に発生し、それぞれが異なる器官へと分化していく様相を呈する。これら分化に関する突然変異から、高等植物の花形成におけるABCモデルがイネでは踏襲されているように見える（Kyozuka et al. 2000）。このうち、雌ずいの基部に発生した鱗被は、形態学的に花弁に相当する。このような穂や穎花の形成過程に関しては、Li et al.（2021b）、Chun et al.（2022）およびKellogg（2022）の総説がある。

穂が完成した後には、主茎や分げつの穂首節間等が伸長して出穂に至る。イネでは、出穂後に穂内の穎花はほぼ決まった順序で開花、受精する。それは、大局的には穂の端部から基部へだが、1次枝梗に直接着生する穎花の間では、まず頂端の穎花、次に最基部の穎花となり順次端部側の穎花が開花する。2次枝梗上穎花では、頂端の穎花は1次枝梗上の最基部穎花と同時期に開花し、その後にはやはり基部側から端部側へと開花が進行する（星川・新田 2023）。このような順序は、前述の1次枝梗原基や2次枝梗原基の分化の順序と必ずしも一致してはいない。また、このような開花順序が乱れることはまずない。これも枝梗の分化同様、極めて強力な遺伝的制御下にあることが推察される。開花においては鱗被が吸水、膨潤し、内穎と外穎を押し開く。それと同時に花糸が急激に伸長し葯を外へと抽出させる。イネの場合、開花前に受精が行われる場合もあり、99%以上の自殖率を示す。

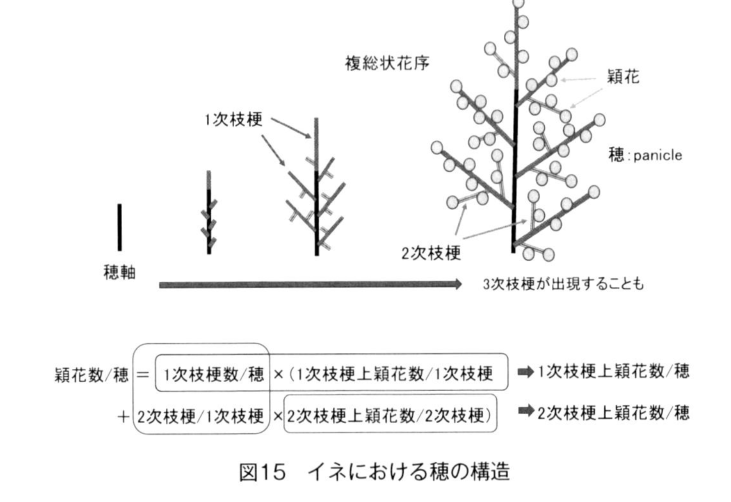

図15　イネにおける穂の構造

前述のように、イネの穂は複総状花序であり、穂軸から1次枝梗、1次枝梗から2次枝梗が発生して、各枝梗の先端および枝梗上の小枝梗をへて穎花が着生する（図15)。穎花数/穂に関わる遺伝子座としては、*GN1A*(Os01g0197700)、*APO1/SCM1*(Os06g0665400)、*WFP/OsSLP14/IPA1*(Os08g0509600)、*NAL1/SPIKE*(Os04g0615000)、*TAW1*(Os10g0478000) 等が知られており、それぞれの分子的機能も明らかになりつつある（Li et al. 2021b)。また、上記主要遺伝子座のアレルを判別する分子マーカーもKim et al.(2016）によって示されている。

収量シンク容量を増大させる際にイネにおいて現在最も注目されているのは、先述のようにこの穎花数/穂を増加させること（穂重型化）である。この穂重型化を考える場合に極めて重要であるのが式（6）右辺第4項の登熟歩合である。登熟歩合は、ある基準（比重あるいは粒厚）で充実したと見なされる穎花数の全穎花数に占める割合として実際には測定され、それら穎花がどの程度受精し、かつ十分に発育したか、といった意味合いを持つ。そして、穎花数/穂が著しく増加すると、この登熟歩合あるいは式（3）の充填効率は一般的に大きく低下する。それは、1次枝梗上穎花と2次枝梗上穎花、さらには穂の端部側穎花と基部側穎花の間では、それぞれの後者は前者に比べて登熟程度が低くなる傾向にあり、そして多くの場合、穎花数/穂の増加は登熟程度の低い2次枝梗上穎花数の増加に依存しているからである。この問題は、特に第4. 10節で詳しく論じる。したがって、穎花が穂内でどのように分布しているのかが、穎花数/穂とともに子実収量を考える際には重要となる。そこで一つの簡便な捉え方として、

穎花数/穂＝1次枝梗数/穂×（1次枝梗上穎花数/1次枝梗
＋2次枝梗数/1次枝梗×2次枝梗上穎花数/2次枝梗）　(7)

と穎花数/穂を着生位置情報をも加味した構成要素に分解することが考えられる（図15)（Kato and Takeda 1996)。これらは、1次枝梗数/穂、1次枝梗上穎花数/穂、2次枝梗数/穂、2次枝梗上穎花数/穂を測定して算出できるし、測定を穂端部側1次枝梗と基部側1次枝梗に分けて行うと、穂端部、基部の穎花分布も検討できる。このように表すと、1次枝梗上穎花数/1次枝梗はほぼ5から7の間で遺伝変異幅は狭いが遺伝的制御は確実に存在すること（Kato 2020)、2

次枝梗数/1次枝梗と2次枝梗上穎花数/2次枝梗の間には極めて高い正の遺伝相関が多くの集団で得られること（Kato and Takeda 1996）がわかる。これは、イネの穂および穎花の形成機構に関して示唆的である。また、穎花数ではなく一穎果重としての穂内分布を検討する方法もある（Yabe et al. 2018）。

重複受精後の胚および胚乳発育は、いずれの穎花着生位置でもほぼ同様に行われる（金勝 2016）。胚発育に関しては、受精卵は分裂を繰り返し、始原成長点と種子根原基が分化し、それぞれ茎頂分裂組織と根端分裂組織に発育する。この過程は、関連する数多くの形態的突然変異が知られており（Hong et al. 1995）、精密な遺伝的制御下にある。ここに至ってイネの形態的システムは、第4.2節の冒頭の状態に戻ることになる。

被子植物であるイネの胚乳の発達は、胚乳中心細胞の極核（2×n）と花粉中の雄核（n）が受精して胚乳核（3n）を生じることから始まる。この核は子房壁の内面に張り付きながら分裂を繰り返すが、ごく初期には多核体の状態を保ち、子房壁内面を一様に覆うようになる。その後、各核を中心に細胞膜が形成され胚乳細胞となる。この時点では胚乳組織には中心に大きな空洞、胚乳腔が存在するが、分裂が継続していく結果、外側から内側へと胚乳細胞が充填されて、通常は子房内を全て埋め尽くす（Liu et al. 2022a）。それと並行して子房は、外穎と内穎からなる籾殻内で主として最初は縦方向、次に横方向に成長し籾殻内を充たす。それと同時に、胚乳細胞内には色素体の一種であるアミロプラストが充満し、その中にデンプン粒が沈着して、食の対象としての穎果（caryopsis）を形成する。それ以外にも胚乳細胞内にはプロテインボディが、胚乳の最外層の糊粉層および種皮、さらに胚には各種のミネラル、脂質、食物繊維、二次代謝産物等が蓄積する（Li et al. 2022b）。興味深いことに、玄米中の胚は必ず外穎の基部の内側と接している。また、胚乳の充満によって、それを取り囲んでいた子房壁に由来する果皮と珠皮に由来する種皮は密着するようになる。したがって、イネやコムギ等の場合は、穎果は厳密には種子（seed）ではなく果実（fruit）（または痩果）に相当する。一方で、実際には種子（その最外層を種皮）と習慣的によばれる場合が多いので本著ではそれに倣う。因みにダイズのようなマメ類では、果皮は莢となって種皮と分離しているので、種皮で覆われたものは正真正銘の種子とよべる。

このように、籾殻の大きさと形は、胚乳が大部分を占める玄米の大きさと形を強く規定する。この籾殻の大きさの制御には非常に多くの主働遺伝子座、量的形質遺伝子座（QTL）が関与しており、それらの塩基配列や生理学的、生化学的機能も次第に明らかにされつつある（Li et al. 2018, Li et al. 2019）。また、いくつかの粒大遺伝子座上の大粒型アレルの判別に関しては、分子マーカーが設計されている（Zhang et al. 2020）。

この籾殻の大きさで規定される式(6)右辺第3項の一粒重だが、これを増加させるのも（大粒化）確かに収量増加の一手段になる可能性がある。イネには粒大に関して幅広い遺伝変異が存在し、かつ遺伝率も高いので粒大の育種は容易である（Kato 1990）。一方で、一般に大粒化は穎花数/穂の減少を招き、玄米の外観品質の低下（白濁化）、食味の劣化等の一因にもなり得る。ただし、最近の大粒良食味品種、‘いのちの壱（龍の瞳）’は例外である。これらのことから、飯米以外の用途、例えば醸造用品種（酒米）や飼料用のイネでは大粒化が積極的に行われているが、飯米用品種での大粒化は一般に例が少ない。

４．４．光合成産物の転流

ソース器官で生産された光合成産物がショ糖のかたちで収量シンク器官へと転流される過程は、ショ糖の（i）ソース器官内での光合成が行われる葉肉細胞から師部までの移動、（ii）ソース器官から収量シンク器官への師部を通じた移動、そして（iii）収量シンク器官内での師部からシンク細胞（発育胚乳細胞あるいはアミロプラスト）までの移動、の三つのステップに大きく分けることができよう（図16）。これらのうち、（i）と（iii）はショ糖の移動距離が数mm程度の短距離輸送、(ii)は作物では数十cm程度の長距離輸送であり、それに伴って何がショ糖をそれだけの距離を移動させるか等に違いが存在する。また、(i)と（iii）においては、ショ糖の移動経路が原形質連絡を含む細胞内に限定されるシンプラスティック（symplastic）経路と細胞外のフリースペースを介して行われるアポプラスティック（apoplastic）経路の2種類が併存している。ただし、(iii）においては母体組織（珠皮および珠心までの部分）と次世代組織（胚乳組織）の間ではシンプラスティック経路はなく、アポプラスティック経路のみである(図16)。さらに、(i)から(ii)への移り変わりをローディング(loading)、(ii）から（iii）へをアンローディング（unloading）とよぶ。(ii）においては師部を通じてソース器官から収量シンク器官へと直接的に転流する場合に加えて、茎中でも師部と茎柔組織細胞間でショ糖が変換されながら行き来する。この後者の過程もまた、収量形成に重要な役割を果たしている。これについては

第4. 9節、第5. 4節で詳述する。

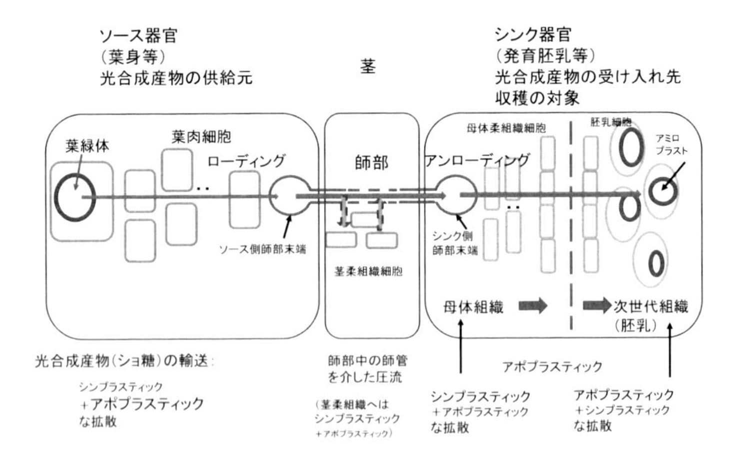

図16　イネにおける光合成産物の転流

イネおよびイネ科作物の光合成産物は、葉緑体内で同化デンプンとして一時的に蓄えられ、これが葉緑体外の細胞質内で最終的な転流形態であるショ糖に変換されることはすでに述べた（図9）。このショ糖（$C_{12}H_{22}O_{11}$）は、分子量342.3の常温で水に溶けやすいごくありふれた二糖である。これはグルコースとフルクトースがα-1, 2-グリコシド結合したものであり、これらの構成単糖が還元糖であるのに対してショ糖は非還元糖である。ショ糖がなぜ光合成産物の転流形態であるのかは、十分に理解されていない。イネおよびイネ科作物は専らショ糖が転流形態だが、他の植物ではこのショ糖に加えて、オリゴ糖、糖アルコール、単糖が用いられることがある。

4.5. ソース側での短距離輸送

上記（i）の短距離輸送では、光合成が行われる葉肉細胞から師部（実際には師部に隣接する師部要素と伴細胞の複合体（SE/CC複合体））へのショ糖の拡散（diffusion）が主要な役割を果たす（図17）。拡散では、溶液中の溶質（この場合はショ糖）の移動に溶媒の動きは基本的に関与せず、その様相は各種の拡散方程式で表される。A. Fickは1855年に細い管の中の溶液中における溶質の動きに関して、

$$J = -D\,d\varphi/dx \qquad (8)$$

の関係を提案した（Fickの第一法則）。ここでJは管の中のある位置での拡散速度（溶質量/断面積・時間）、Dは拡散係数、φは溶質濃度、xは管の端からの位置である。式（8）は、濃度の差（$d\varphi$）が大きいほど溶質は濃い方から薄い方へより早く移動すること、言い換えれば溶質の濃度差がなくなると、溶質はもはや移動しないこと、というもっともな現象を表している。

このような拡散に加えて、ある管の両端で圧力差や温度差等のエネルギーの差が存在する場合に生じる、bulk flow（mass flow、ここでは塊流とする）とよばれる溶媒の移動を伴う溶質の移動が存在する。これは管状経路を介したショ糖の移動に関与するもので、後述の長距離輸送の圧流を含め両端の溶質濃度差に由来する圧力差によって、溶質は溶媒とともに濃い方から薄い方へ移動して、濃度差がなくなると移動は停止する。

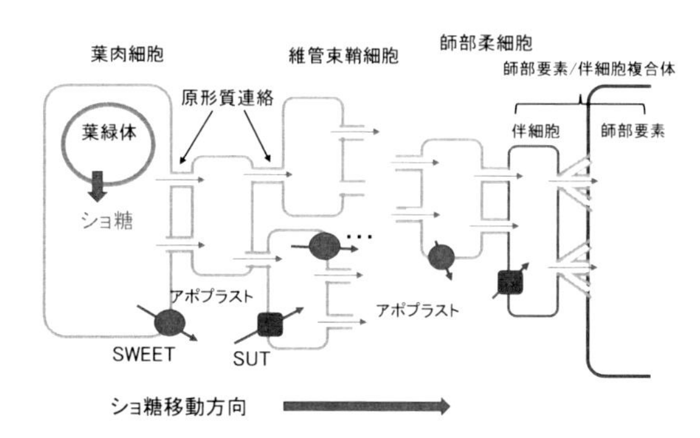

図17　ソース器官における短距離輸送

転流の（i）のステップについてこれらを当てはめると、ショ糖は高濃度の場所（光合成が行われている葉肉細胞）から当初は低濃度であるSE/CC複合体まで、イネでは主としてアポプラスティック経路で移動するとされている（Zhang and Turgeon 2018, Wang et al. 2021）。アポプラスト中では上記の拡散や塊流によって濃度の低い方へショ糖は移動するが、細胞からアポプラストへの流出やSE/CC複合体等への回収には、細胞膜を通過する際にエネルギー消費を伴うトランスポーター（transporter）が膜上に必要である（図17）(Julius et al. 2017)。特にSE/CC複合体への回収では、ショ糖の濃度勾配に逆らって輸送することも必要となる。トランスポーターにはショ糖トランスポーター（SUT）とSugar Will Eventually be Exported Transporter（SWEET）が知られ、SUTは細胞の外から内、そしてSWEETは内から外および外から内へのショ糖の移動に関与する、とされている（図18）(Zhang and Turgeon 2018, Wen et al. 2022)。このうち、SUTはショ糖とプロトン（H^+）を同方向に移動させるシンポーターであり、細胞内で過剰となったプロトンはH^+/ATPアーゼを介してエネルギーを消費しつつ外へと排出される。このようなアポプラスティック経路に加えて、シンプラスティック経路も一部はイネにおいて機能している可能性がある。なお、イネ以外の植物の一部では、SE/CC複合体へのシンプラスティック経路の最後の段階で、ショ糖を修飾して高分子化することで逆流できなくするポリマートラップという現象が知られている（Zhang and Turgeon 2018）。

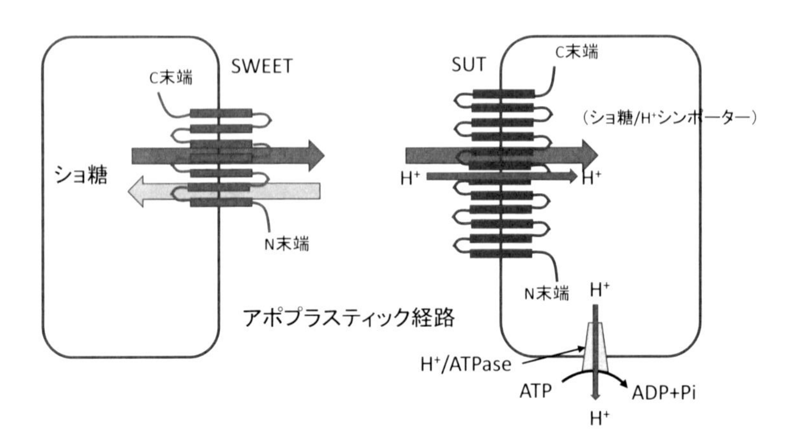

図18　ショ糖の輸送担体（トランスポーター）

いずれにせよSE/CC複合体でのショ糖濃度は高まり、葉肉細胞と同じになると移動は停止する。このショ糖の移動を停止しないようにするためには、(a) 光合成をさらに活発に行い、葉肉細胞中のショ糖濃度を増加させる、または、(b) SE/CC複合体でショ糖を他の場所に移動させて濃度を低下させる、およびこれら両方が生じないといけない。このうち、(b) に寄与するのが、次に述べる圧流による長距離輸送である。

４．６．ソースから収量シンクへの長距離輸送

通導組織の中で、ショ糖等の溶質が移動する系が師部（phloem）である。師部組織は、生細胞が穴（師孔）の空いた師板を介して管状に連なった師管（sieve tube）から構成されている。師部のソース側の末端は、前述のSE/CC複合体が相当する。ここで、ローディングによってショ糖濃度が上昇すると、師部要素を取り囲む半透膜である細胞膜を介して、それを薄めようと周囲の水が浸透する。その浸透圧によって師部要素が膨張するが、周りの組織がその膨張を抑え込むことで師部要素内に圧力が生じる。これが膨圧（turgor）で、これによって浸透した水は、師管のネットワークを通じて膨圧のより低いところ、すなわちショ糖濃度のより低いところを目指して、植物体内を移動する。その一つ、特に開花直後でシンク形成初期の収量シンク器官側の師部末端は、このような水の流れの主要な到着点の一つとなる。そして、このような一方向の水の流れにそって、ソース側師部末端に滞留していたショ糖が、主として収量シンク側師部末端へと前述の塊流（この場合は圧流）のかたちで数十cm、植物によっては数mの長距離輸送に供せられる。この考えはMünch（1930）の圧流モデル（pressure flow model）とよばれ、様々な溶質の長距離輸送を説明する機構として受け入れられてきた（図19）（Knoblauch et al. 2016, Knoblauch and Peters 2017）。このことを、Patrick and Offler（2001）は次式で表した。

$$R_f = L_p\,(P_{source} - P_{sink})\,AC \qquad (9)$$

ここで、R_fはシンクへの転流速度、L_pは水通導性、P_{source}とP_{sink}はそれぞれソース側とシンク側の膨圧、AとCはそれぞれ管断面積と溶液濃度である。このモデルによれば、師部中に複数のシンク側末端が存在すると、その中で最も膨圧の低いところ、すなわちショ糖濃度の低いシンクへと優先的に水、すなわちそれに伴ってショ糖が転流する。一方、これでは全ての溶質、例えばアミノ酸等も同様に転流することになる。このため、個々の溶質の転流には、この圧流モデルに加えてさらに何か別の機構があるのかもしれない。この圧流モデルに対して、最近イネ以外の植物では師部両末端の膨圧差が実際に測定され、そ

の結果、共通のソースから師管が分岐して複数のシンクが存在する場合、シンク間で転入量に違いがあるとすると、それはシンク側の膨圧の違いというよりもアンローディング後の通導性の違いが要因であるという、高圧分岐管モデル（high-pressure manifold model, Fisher 2000, Patrick 2013）が提唱されている。

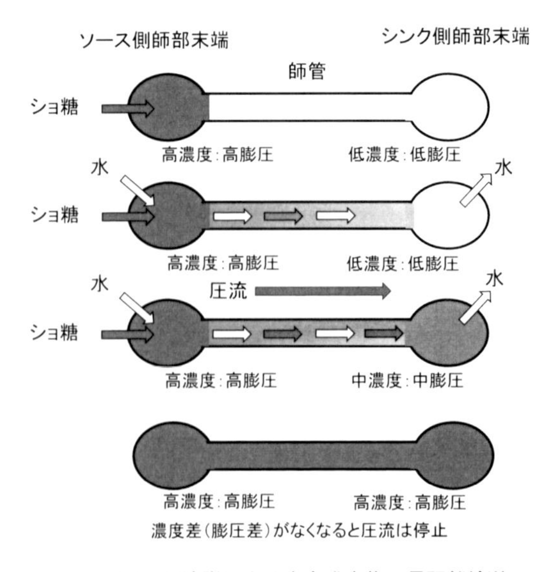

図19　圧流説による光合成産物の長距離輸送

収量シンク側師部末端に到着した水は、半透膜を通過して、あるいはアクアポリン（Luu and Maurel 2013, Hayashi et al. 2015）を介して外へと移動し、蒸散によって大気中へ放出されるか、または、水の通り道である道管へと回収される。一方、ショ糖は分子量の関係で半透膜を通過できないので、このままでは収量シンク側師部末端に滞留する。すると、ここでのショ糖濃度が上昇することで膨圧が上昇して、やがてはソース側師部末端の膨圧と等しくなる。そうなると、圧流説の教えるとおり圧流は停止し、長距離輸送も途絶えることになる（図19）。そうならないように機能するのが、この段階からさらにショ糖を最終的な貯蔵場所であるシンク細胞、イネの場合には胚乳細胞中のアミロプラストへと移動させる収量シンク側の短距離輸送である。

４．７．収量シンク側での短距離輸送

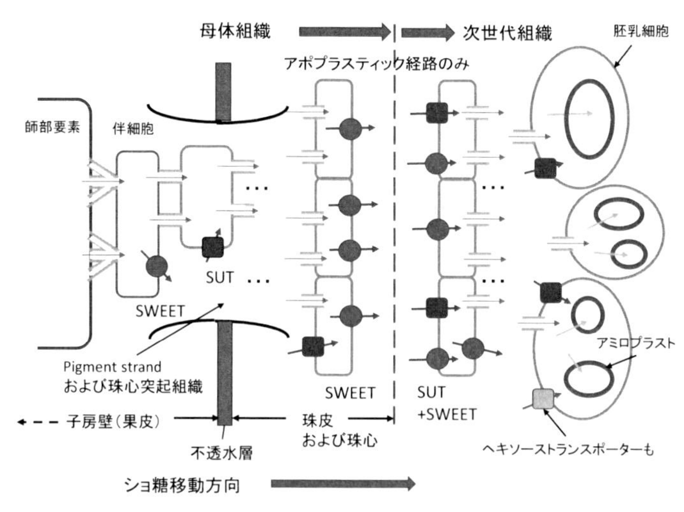

図20　収量シンク器官における短距離輸送

収量シンク側師部末端へ到着したショ糖は、上記（i）のソース側での短距離輸送のように、一つには原形質連絡を介したシンプラスティック経路を経て、さらにはアポプラスティック経路を経てシンク器官へと移動していく。すなわち上記（ii）から（iii）に関連するアンローディングである（図20）。イネの穎花においては、穂軸、１次枝梗あるいは２次枝梗を経て小枝梗、小穂軸、そして子房壁の内穎側（胚と反対側、背側）の縦軸に沿って1本の大維管束が走行する。そこにSE/CC複合体が存在して、ここが収量シンク側師部末端となりアンローディングが生じる（図20）（Liu et al. 2022a）。

ソース側での（i）と異なるのは、一つはアンローディング後の経路が組織上特殊化していることである。すなわち、子房壁（後の果皮）とその内側の珠皮と珠心（一部退化するが後の種皮）との間に水を通さないスベリン化厚壁等の不透水層があり（川原ら 1977, 松田ら 1979）、それを通過させるためにpigment strandおよび珠心突起（nucellar projection）とよばれる組織がイネでは発達していて、これらが子房壁から不透水層を貫通して母体側で最も内側にある珠心に達し、登熟初期では胚乳を取り囲む珠心表皮へと転流物質を転送する（図20）（川原ら 1977, 松田ら 1979, Oparka and Gates 1981a, b, 星川・

新田 2023)。また登熟後期では、専ら珠心突起から転送が行われる(星川・新田 2023)。このようにシンク側のSE/CC複合体後の短距離輸送では、ソース側とは対照的にシンプラスティック経路が主体になると考えられる(Milne et al. 2018)。しかし、ソース側と最も異なるのは、先述のように母体側と次世代側(後の糊粉層を含む胚乳組織)の間にはシンプラスティック経路は一切なく、全てアポプラスティック経路によって転送が行われることである(Milne et al. 2018)。イネにおいてはこの際、母体側からアポプラストへのショ糖の放出は主として珠心表皮や珠心突起上のSWEETによって、そしてアポプラストから次世代側組織である胚乳細胞への回収は糊粉層のSUTおよびSWEETによって行われると考えられている(Ma et al. 2017a, Milne et al. 2018, Wen et al. 2022)。そして、ショ糖は最終的なデンプン蓄積の場であるアミロプラストへと到達する(図20)。

さて、ここまでで明らかなように、転流の基質であるショ糖は細かな違いはあるものの結局、濃度が高いところから低いところへと拡散や塊流によって移動する。要所要所で濃度勾配に逆らってエネルギー依存的に移動する場面もあるが、そこでは前述のSUTやSWEETのようなショ糖のトランスポーターが機能する(一部にはヘキソーストランスポーターも)。前にも述べたように、この流れを可能な限り止めないようにする、すなわちショ糖を収量シンク器官へと持続的に転流させる決定的要因の一つは、上記(iii)の最下流に位置する胚乳細胞におけるショ糖濃度をいかに持続的に低下させるか、である。これについては、次の胚乳細胞内でのショ糖からデンプンへの代謝が肝要である。

４．８．胚乳細胞におけるショ糖代謝とデンプンの蓄積

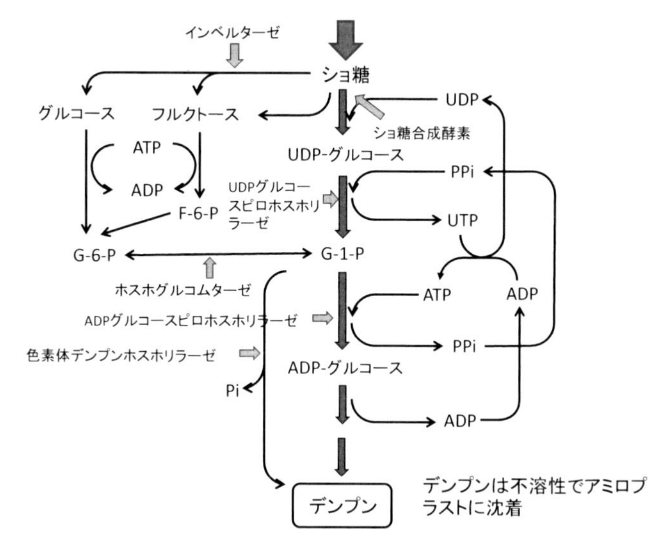

図21　発育胚乳におけるショ糖からデンプンへの代謝経路
Perez et al.(1975)から著者作成

胚乳細胞内へと到達したショ糖を代謝する経路は、イネでは主として二つ存在する（図21）（Perez et al. 1975）。一つはショ糖合成酵素（EC 2.4.1.13）によってUDP-グルコースとフルクトースに代謝される経路、もう一つはインベルターゼ（EC 3.2.1.26）によってグルコースとフルクトースに加水分解される経路である。トウモロコシでは、後者のインベルターゼあるいは膜結合型インベルターゼが発育胚乳中で強く働き、この機能が損失すると粒重が減少するという報告がある（Bi et al. 2018）。また、イネ発育胚乳においても、インベルターゼ関連遺伝子座、*OsGIF1*（Os04g0413500）上の機能欠損型アレルによって粒重が減少、過剰発現によって粒重が増加する（Wang et al. 2008）。Morey et al.(2018)も、液胞インベルターゼ遺伝子座、*OsINV3*（Os02g0106100）上の機能欠損型アレルの発現による粒重の減少を報告している。この経路では、フルクトースは F-6-Pを経てグルコースとともに G-6-Pへと変換され、さらにホスホグルコムターゼ（EC 5.4.2.2）によって G-1-Pに至り、次に述べるショ糖合成酵素の経路へとつながる（図21）。

ショ糖合成酵素の経路においては、ショ糖から生じたフルクトースは前

述のインベルターゼの経路と同様、結局はG-1-Pに至る。一方、もう一つの代謝産物であるUDP-グルコースは、UDP-グルコースピロホスホリラーゼ（EC 2.7.7.9）によってG-1-Pに変換され、インベルターゼの経路と合流する（図21）。その後、G-1-PはADP-グルコースピロホスホリラーゼ（AGPase, EC 2.7.7.27）によってADP-グルコースとなり、これが基本的な基質となって、可溶性デンプン合成酵素（EC 2.4.1.21）、膜結合型デンプン合成酵素（EC 2.4.1.242）、デンプン枝分かれ酵素（EC 2.4.1.18）、枝切り酵素（イソアミラーゼ、EC 3.2.1.68）、等々（図21では省略）の各種デンプン合成関連酵素によって、デンプンを構成するアミロースとアミロペクチンが合成される。一方この経路とは別に、G-1-Pから色素体デンプンホスホリラーゼ（EC 2.4.1.1）によるデンプン合成経路が挙げられる（図21）（Satoh et al. 2008, Hwang et al. 2019, Koper et al. 2021b）。これは、ソース器官での同化デンプン合成にも関与する。合成されたアミロースとアミロペクチンは、アミロプラスト内で層状に沈着する。Tetlow and Bertoft（2020）は、これら2成分がbuilding block-backboneモデルで構築されることを提案している。

イネに関しては、上記の2経路のうちではショ糖合成酵素の経路が主であると考えられる。それは、観察例は限られているが、胚乳発育のごく初期を除きインベルターゼと比べショ糖合成酵素の活性の方が、最大酵素活性の1/2を生み出す基質濃度で比較してより高いからである（Kato 1995）。そして、それに続くステップを触媒するUDP-グルコースピロホスホリラーゼ活性は非常に高い（Kato 1995）。また、図21のように、ショ糖合成酵素の経路に関連する各種のヌクレオチドリン酸やピロリン酸は全てリサイクルされており、この意味でもショ糖合成酵素の経路は効率的に機能していると考えられる。一方で、両経路に共通するG-1-P以降の経路におけるAGPaseの活性は上記の2酵素よりも低い。したがって、本経路を律速するのは主としてAGPaseが触媒するADP-グルコースを生じるステップであろう。事実、本酵素活性のデンプン合成および収量決定に及ぼす重要性は、イネ（Smidansky et al. 2003, Sakulsingharoj et al. 2004, Ohdan et al. 2005, Kato et al. 2007, Oiestad et al. 2016）およびイネ以外の子実作物（Greene and Hannah 1998, Burton et al. 2002, Li et al. 2003a, Batra et al. 2017, Kaur et al. 2017, Ferrero et al. 2018）、さらにはイモ類のような胚乳以外が収量シンク器官になるような作物（Nakatani and Komeichi 1992, Greene et al. 1998, Sweetlove et al. 1996, Ma et al. 2017b）でも広く認められている。

それでは、胚乳細胞内のショ糖からデンプンへの代謝が、前節の最後で指摘したショ糖濃度の低下となぜ結びつくのか。それは単純で、アミロプラスト内に沈着したデンプンは常温では不溶性であり、反応系外に除かれることによってデンプンの原料であるショ糖の濃度が低下するからである。このように、ソース器官 → 転流経路 → 収量シンク器官へと連なる流れで、ショ糖濃度勾配を維持する一つの重要なステップである収量シンク器官におけるショ糖濃度の低下は、結局、この流れの最下流に位置する胚乳細胞内のデンプン合成を活性化することによって、全てではないものの大きな部分は制御されていると言える。そして少なくともイネの発育胚乳中では、先述のような「シンク強度＝シンクサイズ×シンク活性」（Wilson 1967）の中のシンク活性、および「収量＝収量シンク容量×充填効率」（式(3)）の中の充填効率を構成する収量シンク活性は、いずれも開花後における胚乳細胞中のショ糖代謝、デンプン合成活性に帰着する可能性が非常に高い。

４．９．茎における非構造性炭水化物の代謝と転流

これまでの議論では、あくまで葉身がソース器官として中心的な役割を果たしていた。しかし、もう一つの重要なソース器官になり得るものとして、茎（葉鞘と稈）における師部周辺の柔組織細胞が挙げられる。開花前で収量シンク器官が形成される以前においては、最上位の茎および未発達葉身等は光合成産物のシンク器官にならざるを得ない。その一方で、開花後には、茎等はソース器官となって収量シンク器官へとショ糖を供給する（図22）（Chen and Wang 2008, Wang et al. 2019）。しかし登熟中後期において収量シンク強度、特に収量シンク活性が様々な原因で低下もしくは停止したにも関わらず、ソース強度がなお持続している場合には、茎は収量シンク器官に代わるシンクとして再び光合成産物を再蓄積することになる（青木・大杉 2016）。したがって、茎中のデンプンおよびショ糖、グルコース、フルクトースのようにセルロース等の構造性物質ではない炭水化物、非構造性炭水化物（Non-Structural Carbohydrates, NSC）の動態は、ソースとシンクのバランス、そして収量決定の重要な指標となる。因みにこのような出穂開花前に蓄積された茎中NSCの収量に対する寄与率は、イネの場合およそ1/4とされる（Cock and Yoshida 1972）。

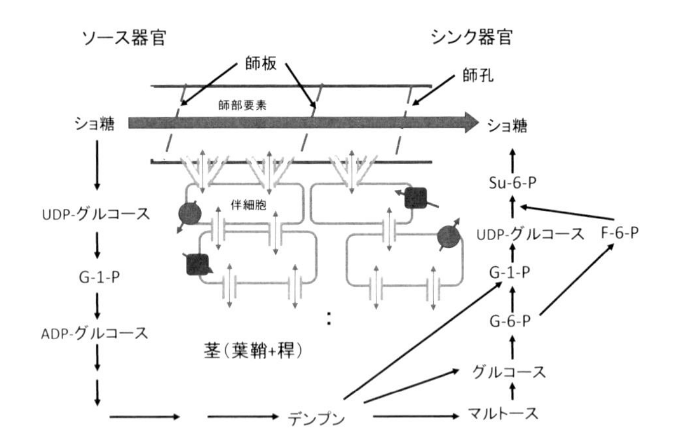

図22　茎におけるショ糖ーデンプンーショ糖の代謝経路

茎におけるデンプンの合成およびその分解とショ糖の合成は、まだ推定上のものだが、おそらく前者は発育胚乳細胞中のショ糖合成酵素の経路（図21）（Wang et al. 2019）、後者は葉肉細胞中の同化デンプン分解の経路（図9）（Hirano et al. 2016, Wang et al. 2019, Ouyang et al. 2021, Hu et al. 2022）から成ると考えられる（図22）。このような代謝経路およびその制御は、子実収量の増加を目指す上で、これまで論じてきたソースおよびシンクの制御とともに極めて重要であることは間違いない（Okamura et al. 2018）。また、先述のようにイネの登熟向上のための開花後の土壌中庸乾燥処理（もしくは間断灌漑）の効果は、ホルモンを介した根の活性化によってシンク器官による茎からのNSCに由来するショ糖の吸収が向上することに基づく、という報告もある（Wang et al. 2019）。

それに対して、子実収量というよりは植物体全体の収量が問題となるホールクロップサイレージを目的とした飼料イネの場合、玄米を覆う籾殻が家畜にとっての消化性を低下させることから（Takahashi et al. 2005）、むしろ茎葉にNSCを蓄積する方が望ましい。そのためには、収量シンク強度を結果的にもしくは意図的に低下させることが重要である（Kato et al. 2006, Hashida et al. 2018）。

４．１０．転流および収量シンク活性の改良―極穂重型イネ品種の「登熟問題」を例として

イネの収量を増加させる試みの中で転流および収量シンク活性を大きく改善する必要が生じるのは、例えばIRRIのNPT、中国のハイブリッドライスおよびSuper Rice等、専ら収量シンク容量を穎花数/穂の増加によって増大させた場合である。第4. 3節で述べたように、これらの品種の大部分では、登熟不良であることが知られている2次枝梗上穎花（弱勢穎花）の増加に全体の穎花数/穂の増加が専ら依存している。したがって、これらの極穂重型品種では、拡大された収量シンク容量を光合成産物によって十分に充たし得ないという事態が度々生じ、期待された多収性が必ずしも発揮されていない。Yang and Zhang (2010) は、これを極穂重型イネ（この場合にはSuper Rice）の「登熟問題」とよんでいる。この登熟問題をいかにして克服するのかが、イネにおけるこれからの多収性育種で大きな課題となる。また、この問題克服を考えることは、これまでに本著で述べてきた多様なトピックスを総合的に集積する絶好の機会でもある。

今一度、第4. 1節で述べた収量の成立と増加戦略を思い出そう。これに沿って登熟問題を考えると、極穂重型イネ品種で多収が低登熟のために必ずしも達成できないのは、(i)ソース強度が低い、(ii)転流効率が低い、(iii)収量シンク活性が低い、そのために収量シンク容量を充たしきれない、のいずれかまたは全てに依っていると考えられる。このうち(ii)は(i)と(iii)に強く依存しているので、ここではソース強度と収量シンク活性から登熟問題を概観する。

ここで問題解決の契機となるのは、極穂重型イネ品種には登熟が悪いものから比較的良好なものまで存在しており、登熟程度もしくは充填効率には環境変動とともに明らかな遺伝変異が認められるという事実である（山本ら 1991, Peng and Khush 2003, 塩津ら 2006, Kato 2010, Yoshinaga et al. 2013, Okamura et al. 2018）。したがって、このような遺伝変異の要因を探ることによって、これら品種に見られる低登熟性の遺伝的要因およびその解決戦略を探ることが可能となろう。ここで注意すべきは、穂内における弱勢穎花の増加が上記のように極穂重型品種成立およびそれらの低登熟性の一因となってはいるが、後述のように弱勢穎花と強勢穎花（1次枝梗上穎花のように登熟が穂内で比較的良好なもの）の違いを生み出す要因とここで問題とする登熟程度の遺伝子型間変異の要因とを混同すべきではない、という点である。両者は、密接に

関連はするが別の現象と考えるべきだろう。

極穂重型イネ品種で登熟程度が比較的良好なものは登熟不良なものと比べて、強勢穎花でも弱勢穎花でも開花後の粒重増加速度（Kato 2010）、あるいは穂重増加速度（Okamura et al. 2018）が速い。また、茎NSC含量に関しては登熟中期での低下程度が高いが登熟後期での再増加程度は低い（Okamura et al. 2018）。このような登熟特性に関する品種間変異は、ソース側からの光合成産物供給量の変異の可能性もあるが、むしろ収量シンク側の吸収活性、収量シンク活性の違いに起因するところが大きいと考えられる。それは、登熟程度の低い品種では登熟後期での茎中NSC再蓄積量が多い、すなわちこの時期でのソース強度は収量シンク活性に比べて優勢であることが示唆されるからである（Liang et al. 2001, Kato and Horibata 2015, Okamura et al. 2018, Jiang et al. 2022, Li et al. 2022a）。Kato et al.（2007）およびOkamura et al.（2021）は、登熟中期の胚乳組織におけるAGPase活性は登熟良好な極穂重型品種の方が登熟不良なものよりも高いことを報告している。すなわち、少なくとも極穂重型イネ品種間の登熟程度の違いを説明するものとしては、第4. 8節でふれたような収量シンク活性に大きく関わる発育胚乳中のAGPase活性の違いが挙げられよう。

AGPaseは、先述のように胚乳細胞中に取り込まれたショ糖がショ糖合成酵素の経路でもインベルターゼの経路でもグルコース重合の直前に機能するデンプン合成の鍵酵素と考えられている。高等植物での本酵素は､大､小サブユニットのそれぞれ2個が組み合わさったヘテロ4量体であり、各サブユニットにはいくつかのアイソフォームが存在する。これらアイソフォームのうちイネ発育胚乳中で機能しているのは、OsAGPS2とOsAGPL2とされる（Lee et al. 2007）。遺伝子発現レベルでは、OsAGPS2をコードする*OsAGPS2*（Os08g0345800）において選択的スプライシングが生じており、発育胚乳中ではOsAGPS2bが発現している（Ohdan et al. 2005）。さらに、Kato et al.（2010）およびKato and Horibata（2015）は、AGPaseに関わる遺伝子座、*OsAGPS2*と*OsAGPL2*（Os01g0633100）、さらに発育胚乳中で機能するショ糖トランスポーター、OsSUT1の遺伝子座、*OsSUT1*（Os03g0170900）に関して、極穂重型を含むイネ7品種間で塩基配列を比較したところ、多数の単塩基多型を見出した。彼らは、これら単塩基多型の組み合わせとして*OsAGPS2*、*OsAGPL2*および*OsSUT1*にはそれぞれ少なくとも8個、6個および7個のアレルが存在すること、このうち登熟良好な極穂重型品種は3遺伝子座ともにアレル*2*（*OsAGPS2-2*, *OsAGPL2-2*および*OsSUT1-2*）と名付けたものを、登熟不良なものはアレル*1*としたものを持つ傾向にあること、等を報告した。

そこでKato et al.（2021）は、上記3遺伝子座上のアレル*2*とアレル*1*の登熟特性に及ぼす効果をほぼ共通の遺伝的背景の下で評価した。その結果、特に*OsAGPL2-2*を持つ遺伝子型は、*OsAGPL2-1*を持つものと比べて発育胚乳中のOsAGPL2タンパク質発現およびAGPase活性が高いことで登熟程度を向上させている可能性が示唆された。一方、遺伝子発現レベルには差異が認められなかったことから、本アレルの効果は翻訳後修飾によることが推察された。この*OsAGPL2-2*は、*OsAGPS2-2*および*OsSUT1-2*とともにインド型品種に高頻度で認められるが、日本型品種ではそのような傾向はない（Kato and Horibata 2015）。これより、上記*OsAGPL2-2*のような良登熟型アレルを活用することで、収量シンク活性を向上できる可能性が示唆された。これは、IRRIにおいて開発された当初のNPTに見られた低登熟性をインド型品種との交雑によって改善した経緯（Peng et al. 1999）にも対応している。一方、極穂重型品種における登熟程度の違いに関する発育胚乳中酵素について、Wakabayashi et al.（2021）はショ糖合成酵素、UDP-グルコースピロホスホリラーゼおよび色素体デンプンホスホリラーゼを指摘している。あらゆる場面で効力を発揮する全能のアレルを特定するのは現実的ではなく、これらの良登熟型アレル候補を他の要因とともに組み合わせていく戦略が有効だろう。

以上の論議は、遺伝子型の改良により穂内穎花全体の収量シンク活性を向上することによって極穂重型品種の登熟向上、安定的多収達成を目指したものである。一方、極穂重型品種の低登熟性はもともと登熟不良である弱勢穎花の増加に起因していた。登熟上の強勢穎花と弱勢穎花の違いに関する要因としては、穂内での開花日の違い（胚乳発育開始時期の違い）に基づく長子優勢（Bangerth 1989, Mohapatra et al. 1993）、各種酵素活性（Fu et al. 2013, Jiang et al. 2021）、植物ホルモン（Fu et al. 2013, Chang et al. 2020, Nonhebel and Griffin 2020, Wang et al. 2022）、タンパク質発現（You et al. 2017）、遺伝子発現（Ishimaru et al. 2005, Peng et al. 2014, Sekhar 2015）の違い等、多くが指摘されている。さらに、先述の高圧分岐管モデル（Patrick 2013）をこの強勢穎花と弱勢穎花の問題に適用すると、両穎花の登熟程度の違いは、両者の膨圧の違いというよりもシンク側でのアンローディング後のシンプラスティック経路における通導性の違いに由来する可能性が示唆される。イネの場合には、強勢穎花と弱勢穎花の間におけるこのような通導性の変異に関しては、全く不明である。一方、これらの要因が強勢、弱勢穎花間の登熟程度の違いに関する原因であるのか結果であるのかについては、熟慮が必要である。

むしろ、極穂重型品種の穎花数/穂の増加を、弱勢穎花である2次枝梗上穎花数の増加に依存せず強勢穎花である1次枝梗上穎花数、もしくは端部側穎花数の増加によって達成することが、登熟問題解決に向けたもう一つ別の戦略として考えられる。Kato（2020）は、交雑後の分離集団における毎世代での定向選抜によって、2次枝梗上穎花数/穂を増加させずに1次枝梗数/穂と1次枝梗上穎花数/1次枝梗の両方を増加させ、それによって穎花数/穂を増加させ得ることを報告している。このうち、1次枝梗数/穂に関するQTLsは、すでに同定、単離されている（Kato 2004, Terao et al. 2010, Shang et al. 2020, Reyes et al. 2021）。これとは別にPasion et al.（2021）は、*OsTRP*（Os02g0741500）上の変異型アレルを用いて穂基部側2次枝梗上穎花数を減少させつつ穂端部側2次枝梗上穎花数を増加させ、これによって端部側穎花数（強勢穎花数）の増加が可能であることを示している。また、Agata et al.(2023)は、*PRL5*(Os05g0421900)上穂軸伸長型アレル、*PBR6*（Os06g0665400）上1次枝梗長伸長型アレルおよび*GN1A*上枝梗分枝促進アレルを組み合わせることで、優良な穂型をデザインできることを報告している。これらの戦略によって登熟良好な極穂重型かつ多収である品種が育成できるかについては、さらなる検証が必要である。

第5章　これからの多収性育種

5．1．資源低投入下での多収達成

以上のように、本著ではイネを中心として、その多収性育種に関する原理と戦略を述べ、今後展開されるべき次の緑の革命について論じてきた。一方で、これからは、多収達成においてもう一つの観点が重要になるだろう。それは最近の気候変動対策もさることながら、低投入持続型農業（Low Input Sustainable Agriculture, 以下LISAとよぶ）への対応である。LISAという用語は、最近のSDGsよりも三十年近く前から提唱されてきたものであり、より直接的に理念を表している。そこで本章では、LISAを用いてそれへの対応を論じる。

LISAの理念自体は明解で、農業生産のための資源投入量を減らし、それによってその場での生産性および生態学的健全性を持続させることである（Neher 1992, Sarkar et al. 2020）。資源低投入の理由としては、一つには高投入、例えば農薬や化学肥料等非天然素材の同一環境への多投による生産環境、自然環境および生活環境の劣化を防ぐこと、もう一つは、将来予想される投入養分、特にリン酸肥料等（Alewell et al. 2020）、あるいは水資源の枯渇に対処することが挙げられよう。LISAは、それによって直接的、間接的に生産性を持続させることが可能となろうが、必ずしも多収達成とは一致しない。先述のように、かつての緑の革命は資源高投入下を前提としたものであった。最近の中国における多収品種群、Super Riceは最大で15 t/ha以上の収量を計上しているが、その際の窒素施用量は350 kg/ha以上（日本では平均で70 kg/ha程度）であるという（Wang and Peng 2017）。これは、LISAの目指すものとはむしろ逆方向である。

このような栽培管理上の戦略の一方で、育種によってLISAに対応することは、例えば生物的および非生物的ストレスに対する耐性や抵抗性（耐病性、耐虫性、耐干性、耐暑性、耐冷性、等）の付与によって可能であり、すでに実績をあげている。本著では、「はじめに」で述べたとおり、これらの特性に関する問題にはふれない。ここではこれまでの流れから、育種によって低投入下でも収量ポテンシャルの増大、あるいは少なくとも維持、を達成する道筋を考察する。これは、ある意味ではない物ねだりの方策ではある。一方、中国においては、窒素利用効率の向上等を経由したGreen Super Rice Project（窒素施用法の改良も含む）がすでに進行している（Zhang 2007, Wang and Peng 2017）。

5．2．窒素利用効率の向上

第2. 1節における式(2)を再考しよう。資源、特に窒素の低投入下で式(2)右辺第1項のバイオマスを増加させるのは、一般的に高投入下よりも困難である。その一方で近年、窒素利用効率を遺伝的に向上させる方策が上記のように試みられている。イネでは、土壌中の窒素はアンモニア態および硝酸態として根の表面に局在する各種トランスポーターを介して吸収される。その後、硝酸態窒素は硝酸還元酵素、亜硝酸還元酵素によって最終的にアンモニアへと還元される。これはグルタミン合成酵素およびグルタミン酸合成酵素によってそれぞれグルタミンおよびグルタミン酸に代謝され、さらに各種アミノ酸、そしてタンパク質の合成に至る（山岸・大杉 2016）。したがって、限られた窒素水準下で通常の生育の維持もしくは増大を目指すなら、上記のような代謝に関する優良遺伝子型や優良アレルを遺伝資源中での探索や各種手法による誘発を行い、これらを基に利用効率を向上することが考えられる（Lee et al. 2022, Liu et al. 2022b, Liao et al. 2023）。これはリン酸やカリウムの利用効率向上についても同様である（Wang and Peng 2017）。

これ以外に資源低投入下での収量の維持、増加を達成する方策としては、生産された光合成産物を収量となる部分へとなるべく振り分け、結果的に収穫指数を増加させることである。これにはすでに述べたように、(i)登熟期間を延長しその間の生理活性を持続させる、(ii)茎中の残存NSC等、収量に寄与しうる個体内資源をなるべく収量シンク器官へ移動させる、の2点が挙げられる。ただし、これら2点は独立なものではなく互いに密接に関連している。

5．3．登熟後期における収量シンク活性の持続

上記(i)に関しては、すでに第2. 3節で概説した。すなわち、適度な早生化によって登熟開始時点を前倒しして登熟期間を延長し、それによって収量シンク器官へと光合成産物をより多く集積しようというものである。その際に必須となるのは、延長された期間において各組織器官、特に収量シンク器官がその生理活性を資源低投入下でも持続し続けることである。これを達成するにあたり、stay-greenおよびその他の葉の老化抑制に関する遺伝変異が寄与しうるだろう

（Thomas and Ougham 2014）。

stay-greenは、葉緑体や関連タンパク質の器官成熟に伴う退化を遅らせることで葉緑を長期間維持し、結果として老化を防げる性質である（Hörtensteiner 2009）。これによって意図的もしくは結果的に生産性向上がもたらされる場合がある（Shin et al. 2020）。この性質に関連する遺伝子座として、イネでは*SGR*（Os09g0532000）（Jiang et al. 2007）および*SGR-LIKE*（Os04g0692600）（Peng et al. 2019）が知られている。一方、これまでのstay-greenに関する研究はあくまでソース器官（葉身）の葉緑体代謝に関するものであり、収量シンク器官（発育胚乳等）において収量シンク活性を長期間維持するのにこのstay-greenがどの程度貢献できるかは現時点では不明確である。しかし、イネの穂および枝梗の緑色維持に関しては明確な遺伝子型間差異が存在し、日本型品種の方がインド型品種と比べて穂の老化（退色）が進行しにくい、という報告がある（Chen et al. 2023）。また、中山（1969）は、生育後期での籾の老化が小枝梗における維管束での脱水素酵素活性の減退と関連していることを報告している。

Huang et al.（2022）は、より多収を示すハイブリッドライス品種では出穂期以降の乾物生産量および粒重増加程度が高くなっており、生育後期で多収に寄与する活性が高いことの重要性を指摘している。さらにこの活性には、細根の表面積等の特性が関与している可能性がある（Huang et al. 2015）。根の活性およびその持続に関する問題は、これまでに本著でほとんどふれてこなかったが、生育全般にとって重要であることは論を俟たない。また、Sun et al.（2023）は、粒重増加期間が延長する突然変異アレルを*GFD1*（Os03g0229500）上に見出した。本座はMATE（多剤および毒性物質排出）トランスポーターをコードしており、茎や粒の維管束で機能し、先述のSUTやSWEETと相互作用を示しつつ光合成産物の転流に関与している。さらに本座は、*GS3.1*として粒大の制御にも関わるという報告もある（Zhang et al. 2021）。先述の実肥施用のような資源高投入を避ける資源低投入下での収量ポテンシャルの確保、さらには増大を目指すには、今後このような登熟後半での植物体全体、特に収量シンク器官における延長された登熟期間内での老化の低減を図れるような遺伝変異や優良アレルの探索と活用が必須だろう。

5．4．茎から収量シンク器官への転流

第4. 9節で述べたように、通常の栽培条件下でも子実収量増加を目指す場合には、登熟期間において茎中NSCをなるべく残存させずにショ糖へと代謝し、収量シンク器官へと転流させる必要がある。ちょうど、図5および図23において最終的に収量となる部分が登熟期間後半で目減りしている部分を指す。これは、今議論している資源低投入下においてはさらに重要となる。これらの図で収量が目減りしている部分は、ソース器官から光合成産物が生産され、ショ糖として転出されているのにもかかわらず、収量シンク器官側でシンク活性が低下してショ糖濃度が上昇することでの転流（圧流）停止が生じること、そしてそれに代わってそれまでショ糖濃度が低くなっていた茎組織が、シンク器官としての能力を持つようになること、に由来する（図23）（青木・大杉 2016）。

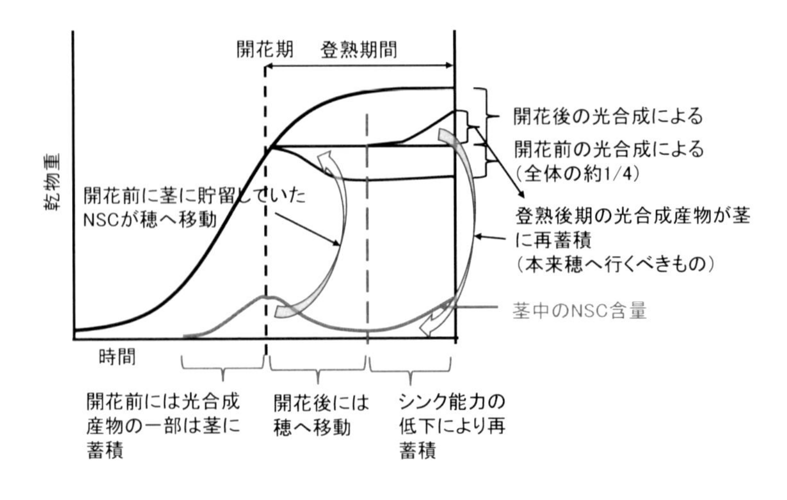

図23　茎中NSCの動態

青木・大杉（2016）から著者作成

以上を総合すると、茎中NSCをショ糖へと代謝し、それを収量シンク器官へと転流させる鍵となるのは、延長された登熟後期までいかにして収量シンク活性を維持するか、というすでに述べた問題に収斂する。Kato et al.（2007）は、登熟が比較的良好な極穂重型イネ品種での発育胚乳中のAGPase活性は、登熟不良の品種と同様に出穂後20日目には低下し始めることを報告している。この活性の持続に関する遺伝変異の存在については、全く不明である。さらに、図

22で示した茎中のNSC代謝のうち、デンプン分解の鍵と考えられるβ-アミラーゼ等の活性および関与遺伝子発現等については分析されているが（Hirano et al. 2016, Okamura et al. 2018, Ouyang et al. 2021）、一定の示唆を得るには至っていない。いずれにせよこのような戦略は、通常の資源高投入下においても直ちに多収を導きうるものとなるだろう。

おわりに

本著では、かつてのそして次の緑の革命について論じてきたが、この期に及んで私はふと疑問を抱いてしまう。それは、「収量」という「形質」は何を意味するのか、という疑問である。そもそも生物の形質とよばれるものの大部分は、生物が示す姿かたちや働きを人間がその色眼鏡で見て切り取ったものにすぎない。収量や草丈や出穂日等々も同じである。人間が勝手に定義した形質を人間の価値観によって改良することは、植物にとってどのような意味があるのか。これは感傷的な感情移入とは無関係である。このような疑問は即物的に見れば愚問に過ぎず、さっさと育種や栽培管理の実務に没頭すべきであると忠告されるかもしれない。しかし、このような人間の都合による作為に対して植物（作物）がどのように反応するのか、あるいはしないのかを考える場合には、このことを心に留めておく必要があると思われる。

これ以外に、研究者としてこれまでに感じてきたことを呟いてみる。およそ三十数年前のことだが、私は植物のシンクとソースの機能（物質集積機能）に関するある大型研究プロジェクト、ただし、必ずしも農業生産に関わるものではないものの成果報告会を聴講する機会を得た。その講演の一つで、一人の分子生物学者が最初に一枚のスライドを提示した。そこにはビーフステーキとサラダとスープがテーブル上に並んでいた。講演者曰く、「このステーキの付け合わせもサラダやスープの具もみなシロイヌナズナ（アラビドプシス）が使われている。したがって、シロイヌナズナを用いた研究は食糧増産に貢献する。」これが単なるジョークであることは講演者も十分承知のことで、私を含め農学研究者にとってこの手のエピソードにはうんざりするしかない。しかしこのとき私は、この会場にいた分子生物学の若手研究者の中にはこの話をジョークと捉えない人もいるのではなかろうか、とふと思ってしまった。

もちろん、双子葉植物のモデル植物である雑草の（ただし食べられる）シロイヌナズナにおいて得られた情報が、作物のイネにおける形態形成的、生理的な過程の分子生物学的解明に役立った事例は、これまでもそしてこれからも数知れないだろう。したがって、先の講演者の言ったことは、ステーキの写真を持ち出さなくても、ある意味で正しい。肝心なのは、研究者にとって自分の今行っていることが最終的に何を目指しているのかを、詳しくではなくとも自覚しようとしているか、であると思われる。作物の、そして単子葉植物の分子生物学的モデルでもあるイネを対象にしていても、多収に関わると一応謳っている研究の中には、成果を早く手に入れるために発芽して葉が一枚出現した状態でなにが起こっているのか、に終始するものも一部見られる。これまでに、あなたは何を最終的に目指しているのか､と研究者に問うたことが何度かあるが、明確な答えが返ってくるのは少なかった。それはそうなんだがね、と受け流されるのがオチではあるが、目的よりも手段が先行するような事態は、少なくとも研究活動として健全なものではないだろう。

農学研究者、あるいは「現場」というものを常に意識すべき応用（？）科学者にとって、重要な観点がもう一つ存在する。それは、研究の結果「なにかがわかった」ということに加えて「それに基づいてこのようにすべきである」という提案を現場に向けて行わねばならない、ということである。第1. 3節で引用した宮澤賢治の「春と修羅　第三集」の中の「和風は河谷いっぱいに吹く」では、

十に一つも起きれまいと思ってゐたものが
わづかの苗のつくり方のちがひや
燐酸のやり方のために
今日はそろってみな起きてゐる

というくだりがある。前日まで続いた大雨のために倒伏したイネが起き上がっていく様を描いている。宮澤賢治は、農家のために無償で各圃場ごとの施肥設計に応じ、提案、指導していた。本著でも、なるべく提案をするように心がけた。今後、これらささやかな提案にわずかでも応えていただけることがあったら、その結果がどうであれ、それは私にとってこの上なき喜びである。

第4章では私の研究を中心に展開したところがあり、私の主観が中心になったことについてはご寛容を願う。本著の執筆にあたって多くの引用を行った「農学基礎シリーズ　作物生産生理学の基礎」(2016年、平沢正・大杉立（編)、農山漁村文化協会)、および「新版　解剖図説　イネの生長」(2023年、星川清親・新田洋司、農山漁村文化協会）は、ぜひ一読をお薦めする。また、植物の転流等に関しては学術雑誌でときおり特集が組まれることがある。最近では、「Physiology and metabolism：Phloem, Current Opinion in Plant Biology (2018) 43」がある。なお、本著の内容は2020年度後期に私が担当した三重大学生物資

源科学部における集中講義、「農業生物学特別講義Ｉ」をベースとしている。

私が在職した広島農業短期大学、広島県立大学生物資源学部、近畿大学生物理工学部、さらにその他の関係各位には、本著でふれたような私の研究活動を根底から支えていただいた。また、近畿大学生物理工学部准教授堀端章博士および元京都大学大学院農学研究科教授白岩立彦博士には本原稿を一読いただき多くの示唆を承った。本著出版に関しては、前著同様、大阪公立大学出版会に全面的にご支援を受けた。本著の最後にあたり、この場を借りて心より深謝申し上げる。

食糧自給率40%未満という国での飽食の時代に次の緑の革命実現を思い描きつつ。いや、このreseedingはすでに静かに進行しているに違いない。

【引用文献】

Agata, A., M. Ashikari, Y. Sato, H. Kitano and T. Hobo (2023) Designing rice panicle architecture via developmental regulatory genes. Breed. Sci. 73:86-94. doi.org/10.1270/jsbbs.22075

Alewell, C., B. Ringeval, C. Ballabio, D.A. Robinson, P. Panagos and P. Borrelli (2020) Global phosphorus shortage will be aggravated by soil erosion. Nature Comm. 11:4546. doi.org/10.1038/s41467-020-18326-7

青木直大・大杉立(2016)第8章 光合成産物の転流と蓄積. 平沢正・大杉立(編)「農学基礎シリーズ　作物生産生理学の基礎」, 農山漁村文化協会, 95-114

Ashikari, M., A. Sasaki, M. Ueguchi-Tanaka, H. Itoh, A. Nishimura, S. Datta, K. Ishiyama, T. Saito, M. Kobayashi, G.S. Khush, H. Kitano and M. Matsuoka (2002) Loss-of-function of a rice gibberellin biosynthetic gene, *GA20 oxidase* (*GA20ox-2*), led to the rice 'Green Revolution'. Breed. Sci. 52: 143-150. doi.org/10.1270/jsbbs.52.143

Bai, S., J. Hong, S. Su, Z. Li, W. Wang, J. Shi, W. Liang and D. Zhang (2022) Genetic basis underlying tiller angle in rice (*Oryza sativa* L.) by genome wide association study. Plant Cell Rep. 41:1707-1720. doi.org/10.1007/s00299-022-02873-y

Bangerth, F. (1989) Dominance among fruits/sinks and the search for a correlative signal. Physiol. Plant. 76:608-614. doi.org/10.1111/j.1399-3054.1989.tb05487.x

Batra, R., P. Kumar, M.R. Jangra, N. Passricha and V.K. Sikka (2017) High precision temperature controlling AGPase in wheat affecting yield and quality traits. Cereal Res. Comm. 45:610-620. doi.org/10.1556/0806.45.2017.039

Bi, Y.J., Z.C. Sun, J. Zhang, E.Q. Liu, H.M. Shen, K.L. Lai, S. Zhang, X.T. Guo, Y.T. Sheng, C.Y. Yu, X.Q. Qiao, B. Li and H. Zhang (2018) Manipulating the expression of a cell wall invertase gene increases grain yield in maize. Plant Growth Regul. 84:37-43. doi.org/10.1007/s10725-017-0319-7

Burton, R.A., P.E. Johnson, D.M. Beckles, G.B. Fincher, H.L. Jenner, M.J. Naldrett and K. Denyer (2002) Characterization of the genes encoding the cytosolic and plastidial forms of ADP-glucose pyrophosphorylase in wheat endosperm. Plant Physiol. 130:1464-1475. doi.org/10.1104/pp.010363

Chang, S., Y. Chen, S. Jia, Y. Li, K. Liu, Z. Lin, H. Wang, Z. Chu, J. Liu, C. Xi, H. Zhao, S. Han and Y. Wang (2020) Auxin apical dominance governed by the OsAsp1-OsTIF1 complex determines distinctive rice caryopses development on different branches. PLoS Genet. 16:e1009157. doi.org/10.1371/journal.pgen.1009157

Chen, H.-J. and S.-J. Wang (2008) Molecular regulation of sink-source transition in rice leaf sheaths during the heading period. Acta Physiol. Plant. 30 : 639-649. doi.org/10.1007/s11738-008-0160-8

Chen, Y., L. Zhao, C. Wang, H. Li, D. Huang, Z. Wang, D. Zhou, Y. Pan, R. Gong and S. Zhou (2023) Stay-green panicle branches improve processing quality of elite rice cultivars. Rice Sci. 30 : 11-14. doi.org/10.1016/j.rsci.2022.08.001

Chun, Y., A. Kumar and X. Li (2022) Genetic and molecular pathways controlling rice inflorescence architecture. Front. Plant Sci. 13 : 1010138. doi.org/10.3389/fpls.2022.1010138

Cock, J.H. and S. Yoshida (1972) Accumulation of 14C-labelled carbohydrate before flowering and its subsequent redistribution and respiration in the rice plant. Proc. Crop Sci. Soc. Japan 41 : 226-234. doi.org/10.1626/jcs.41.226

Ferrero, D.M.L., M.D.A. Diez, M.L. Kuhn, C.A. Falaschetti, C.V. Piattoni, A.A. Iglesias and M.A. Ballicora (2018) On the roles of wheat endosperm ADP-glucose pyrophosphorylase subunits. Front. Plant Sci. 9 : 1498. doi.org/10.3389/fpls.2018.01498

Fisher, D.B. (2000) Long-distance transport. In "Biochemistry and molecular biology of plants (1st ed.)", 730–785, Buchanan, B.B., W. Gruissem and R.L. Jones (eds), American Society of Plant Physiologists

Fu, J., Y.-J. Xu, L. Chen, L.-M. Yuan, Z.-Q. Wang, and J.-C. Yang (2013) Changes in enzyme activities involved in starch synthesis and hormone concentrations in superior and inferior spikelets and their association with grain filling of super rice. Rice Sci. 20 : 120-128. doi.org/10.1016/S1672-6308(13)60116-X

藤巻宏・鵜飼保雄(1985)遺伝と育種 3 世界を変えた作物. 培風館

藤原辰史(2012)稲の大東亜共栄圏―帝国日本の「緑の革命」(歴史文化ライブラリー). 吉川弘文館

Furbank, R.T., S. von Caemmerer, J. Sheehy and G. Edwards (2009) C_4 rice : a challenge for plant phenomics. Func. Plant Biol. 36 : 845-856. doi.org/10.1071/FP09185

Garcia, A., O. Gaju, A.F. Bowerman, S.A. Buck, J.R. Evans, R.T. Furbank, M. Gilliham, A.H. Millar, B.J. Pogson, M.P. Reynolds, Y.-L. Ruan, N.L. Taylor, S.D. Tyerman and O.K. Atkin (2023) Enhancing crop yields through improvements in the efficiency of photosynthesis and respiration. New Phytl. 237 : 60-77. doi.org/10.1111/nph.18545

Greene, T.W. and L.C. Hannah (1998) Enhanced stability of maize endosperm ADP-glucose pyrophosphorylase is gained through mutants that alter subunit interactions. Proc. Natl. Acad. Sci. USA 95:13342–13347. doi.org/10.1073/pnas.95.22.13342

Greene, T.W., I.H. Kavakli, M.L. Kahn and T.W. Okita (1998) Generation of up-regulated allosteric variants of potato ADP-glucose pyrophosphorylase by reversion genetics. Proc. Natl. Acad. Sci. USA 95：10322–10327. doi.org/10.1073/pnas.95.17.10322

Hashida, Y., S. Kadoya, M. Okamura, Y. Sugimura, T. Hirano, T. Hirose, S. Kondo, C. Ohto, R. Ohsugi and N. Aoki (2018) Characterization of sugar metabolism in the stem of Tachisuzuka, a whole-crop silage rice cultivar with high sugar content in the stem. Plant Prod. Sci. 21：233–243. doi.org/10.1080/1343943X.2018.1461016

Hayashi, H., J. Ishikawa-Sakurai, M. Murai-Hatano, A. Ahamed and M. Uemura (2015) Aquaporins in developing rice grains. Biosci. Biotech. Biochem. 79：1422–1429. doi.org/10.1080/09168451.2015.1032882

He, Y., L. Li and D. Jiang (2021) Understanding the regulatory mechanisms of rice tiller angle, then and now. Plant Mol. Biol. Rep. 39：640–347. doi.org/10.1007/s11105-021-01279-6

Hirano, T., T. Higuchi, M. Hirano, Y. Sugimura and H. Michiyama (2016) Two β-amylase genes, *OsBAM2* and *OsBAM3*, are involved in starch remobilization in rice leaf sheaths. Plant Prod. Sci. 19：291–299. doi.org/10.1080/1343943X.2016.1140008

Hirose, T. (2005) Development of the Monsi-Saeki theory on canopy structure and function. Ann. Bot. 95：483–494. doi.org/10.1093/aob/mci047

Hong, S.-K., T. Aoki, H. Kitano, H. Satoh and Y. Nagato (1995) Phenotypic diversity of 188 rice embryo mutants. Genesis 16：298–310. doi.org/10.1002/dvg.1020160403

星川清親・新田洋司(2023) 新版　解剖図説　イネの生長. 農山漁村文化協会

Hörtensteiner, S. (2009) Stay-green regulates chlorophyll and chlorophyll-binding protein degradation during senescence. Trends Plant Sci. 14：155–162. doi.org/10.1016/j.tplants.2009.01.002

Hu, Y., J. Liu, Y. Lin, X. Xu, Y. Xia, J. Bai, Y. Yu, F. Xiao, Y. Ding, C. Ding and L. Chen (2022) Sucrose non-fermenting-1-related protein kinase 1 regulates sheath-to-panicle transport of non-structural carbohydrates during rice grain filling. Plant Physiol. 189：1694–1714. doi.org/10.1093/plphys/kiac124

Huang, M., J. Chen, F. Cao, L. Jiang and Y. Zou (2015) Root morphology was improved in a late-stage vigor super rice cultivar. PLoS ONE 10：e0142977. doi.

org/10.1371/journal.pone.0142977
Huang, M., J. Cao, R. Zhang, J. Chen, F. Cao, S. Fang, M. Zhang and L. Liu(2022) Late-stage vigor contributes to high grain yield in high-quality hybrid rice. Crop Environ. 1:115-118. doi.org/10.1016/j.crope.2022.05.003
Hwang, S.-K., K. Koper and T.W. Okita(2019)The plastid phosphorylase as a multiple-role player in plant metabolism. Plant Sci. 290:110303. doi.org/10.1016/j.plantsci.2019.110303
稲塚秀孝(2015)NORIN TEN 稲塚権次郎物語―世界を飢えから救った日本人. 合同出版
Ishimaru, T., T. Hirose, T. Matsuda, A. Goto, K. Takahashi, H. Sasaki, T. Terao, R.I. Ishii, R. Ohsugi and T. Yamagishi(2005)Expression patterns of genes encoding carbohydrate-metabolizing enzymes and their relationship to grain filling in rice (*Oryza sativa* L.):Comparison of caryopses located at different positions in a panicle. Plant Cell Physiol. 46:620-628. doi.org/10.1093/pcp/pci066
International Rice Genome Sequencing Project(2005)The map-based sequence of the rice genome. Nature 436:793-800. doi.org/10.1038/nature03895
井澤毅(2020) イネの光周性花芽形成の分子メカニズムの解明. 育種学研究22:178-183. doi.org/10.1270/jsbbr.20J17
Jiang, H., M. Li, N. Liang, H. Yan, Y. Wei, X. Xu, J. Liu, Z. Xu, F. Chen and G. Wu(2007) Molecular cloning and function analysis of the *stay green* gene in rice. The Plant J. 52:197-209. doi.org/10.1111/j.1365-313X.2007.03221.x
Jiang, Z., Q. Chen, L. Chen, H. Yang, M. Zhu, Y. Ding, W. Li, Z. Liu, Y. Jiang and G. Li(2021)Efficiency of sucrose to starch metabolism is related to the initiation of inferior grain filling in large panicle rice. Front. Plant Sci. 12:732867. doi.org/10.3389/fpls.2021.732867
Jiang, Z., Q. Chen, L. Chen, D. Liu, H. Yang, C. Xu, J. Hong, J. Li, Y. Ding, S. Sakr, Z. Liu, Y. Jiang and G. Li(2022)Sink strength promoting remobilization of non-structural carbohydrates by activating sugar signaling in rice stem during grain filling. Int. J. Mol. Sci. 23:4864. doi.org/10.3390/ijms23094864
Julius, B.T., K.A. Leach, T.M. Tran, R.A. Mertz and D.M. Braun(2017)Sugar transporters in plants:New insights and discoveries. Plant Cell Physiol. 58:1442-1460. doi.org/10.1093/pcp/pcx090
金勝一樹(2016)第2章 種子の発芽と出芽の仕組み. 平沢正・大杉立(編)「農学基礎シリーズ　作物生産生理学の基礎」, 農山漁村文化協会, 15-28
Kanno, K., Y. Suzuki and A. Makino(2017)A small decrease in Rubisco content by

individual suppression of *RBCS* genes leads to improvement of photosynthesis and greater biomass production in rice under conditions of elevated CO_2. Plant Cell Physiol. 58:635-642. doi.org/10.1093/pcp/pcx018

Kato, M., M. Yokoo and S. Maruyama (2006) Dry-matter partitioning and accumulation of carbon and nitrogen during ripening in a female-sterile line of rice. Plant Prod. Sci. 9:185-190. doi.org/10.1626/pps.9.185

Kato, T. (1990) Heritability for grain size of rice (*Oryza sativa* L.) estimated from parent-offspring correlation and selection response. Jpn. J. Breed. 40:313-320. doi.org/10.1270/jsbbs1951.40.313

Kato, T. (1995) Change of sucrose synthase activity in developing endosperm of rice cultivars. Crop Sci. 35:827-831. doi.org/10.2135/cropsci1995.0011183X003500030032x

Kato, T. (2004) Quantitative trait loci controlling the number of spikelets and component traits in rice: Their main effects and interaction with years. Breed. Sci. 54:125-132. doi.org/10.1270/jsbbs.54.125

Kato, T. (2010) Variation and association of the traits related to grain filling in several extra-heavy panicle type rice under different environments. Plant Prod. Sci. 13:185-192. doi.org/10.1626/pps.13.185

Kato, T. (2019) Inheritance of upper node tillering in rice. J. Crop Res. 64:23-29. doi.org/10.18964/jcr.64.0_23

Kato, T. (2020) An approach to the "grain-filling problem" in rice through the improvement of its sink strength. J. Crop Res. 65:1-11. doi.org/10.18964/jcr.65.0_1

加藤恒雄(2023)種を育てて種を育む—植物品種改良とはなにか—(改訂版). 大阪公立大学出版会

Kato, T. and A. Horibata (2015) Alleles for good grain filling in rice extra-heavy panicle types and their distribution among rice cultivars. Proc. 8th Asian Crop Sci. Assoc. Confer., 51-61, Agricultural University Press, https://www.cropscience.jp/acsa/conference/ACSAC8_Proceedings.pdf

Kato, T. and K. Takeda (1996) Associations among characters related to yield sink capacity in space-planted rice. Crop Sci. 36:1135-1139. doi.org/10.2135/cropsci1996.0011183X003600050011x

Kato, T., D. Shinmura and A. Taniguchi (2007) Activities of enzymes for sucrose-starch conversion in developing endosperm of rice and their association with grain filling in extra-heavy panicle types. Plant Prod. Sci. 10:442-450. doi.

org/10.1626/pps.10.442

Kato, T., A. Taniguchi and A. Horibata (2010) Effects of the alleles at *OsAGPS2* and *OsSUT1* on the grain filling in extra-heavy panicle type of rice. Crop Sci. 50: 2448-2456. doi.org/10.2135/cropsci2009.11.0690

Kato, T., R. Morita, S. Ootsuka, Y. Wakabayashi, N. Aoki and A. Horibata (2021) Evaluation of alleles at *OsAGPS2*, *OsAGPL2*, and *OsSUT1* related to grain filling in rice in a common genetic background. Crop Sci. 61:1154-1167. doi.org/10.1002/csc2.20429

Kaur, V., S. Madaan and R.K. Behl (2017) ADP-glucose pyrophosphorylase activity in relation to yield potential of wheat: Response to independent and combined high temperature and drought stress. Cereal Res. Comm. 45:181-191. doi.org/10.1556/0806.45.2017.003

川原治之助・松田智明・長南信雄(1977)稲の形態形成に関する研究　第10報　子房の背部維管束の電顕観察と転流機構について．日作紀46:91-96. doi.org/10.1626/jcs.46.91

Kellogg, E.A. (2022) Genetic control of branching patterns in grass inflorescences. Plant Cell 34:2518-2533. doi.org/10.1093/plcell/koac080

Khush, G.S. (2013) Strategies for increasing the yield potential of cereals: case of rice as an example. Plant Breed. 132:433-436. doi.org/10.1111/pbr.1991

Kim, S.R., J. Ramos, M. Ashikari, P.S. Virk, E.A. Torres, E. Nissila, S.L. Hechanova, R. Mauleon and K.K. Jena (2016) Development and validation of allele-specific SNP/indel markers for eight yield-enhancing genes using whole-genome sequencing strategy to increase yield potential of rice, *Oryza sativa* L. Rice 9:12. doi.org/10.1186/s12284-016-0084-7

Knoblauch, M. and W.S. Peters (2017) What actually is the Münch hypothesis? A short history of assimilate transport by mass flow. J. Integr. Plant Biol. 59:292-310. doi.org/10.1111/jipb.12532

Knoblauch, M., J. Knoblauch, D.L. Mullendore, J.A. Savage, B.A. Babst, S.D. Beecher, A.C. Dodgen, K.H. Jensen and N.M. Holbrook (2016) Testing the Münch hypothesis of long distance phloem transport in plants. eLife 5:e15341. doi.org/10.7554/eLife.15341

Koper, K., S.K. Hwang, S. Singh and T.W. Okita (2021a) Source-sink relationships and its effect on plant productivity: manipulation of primary carbon and starch metabolism. In “Genome engineering for crop improvement. Concepts and strategies in plant sciences”, 1-31, Sarmah, B.K. and B.K. Borah (eds), Springer

Koper, K., S.-K. Hwang, M. Wood, S. Singh, A. Cousins, H. Kirchhoff and T.W. Okita (2021b) The rice plastidial phosphorylase participates directly in both sink and source processes. Plant Cell Physiol. 62：125-142. doi.org/10.1093/pcp/pcaa146

Kubis, A. and A. Bar-Even (2019) Synthetic biology approaches for improving photosynthesis. J. Exp. Bot. 70：1425-1433. doi.org/10.1093/jxb/erz029

Kyozuka, J., T. Kobayashi, M. Morita and K. Shimamoto (2000) Spatially and temporally regulated expression of rice MADS box genes with similarity to Arabidopsis Class A, B and C genes. Plant Cell Physiol. 41：710-718. doi.org/10.1093/pcp/41.6.710

Lee, S.K., S.K. Hwaung, M. Han, J.S. Eom, H.G. Kang, Y. Han, S.B. Choi, M.H. Cho, S.H. Bhoo, G. An, T.R. Hahn, T.W. Okita and J.S. Jeon (2007) Identification of the ADP-glucose pyrophosphorylase isoforms essential for starch synthesis in the leaf and seed endosperm of rice (*Oryza sativa* L.) . Plant Mol. Biol. 65：531-546. doi.org/10.1007/s11103-007-9153-z

Lee, S., A. Marmagne, J. Park, C. Fabien, Y. Yim, S.-J. Kim, T.-H. Kim, P.O. Lim, C. Masclaux-Daubresse and H.G. Nam (2022) Concurrent activation of *OsAMT1;2* and *OsGOGAT1* in rice leads to enhanced nitrogen use efficiency under nitrogen limitation. The Plant J. 103：7-20. doi.org/10.1111/tpj.14794

Li, C.R., X.B. Zhang and C.S. Hew (2003a) Molecular cloning of ADP-glucose pyrophosphorylase large subunit cDNA from *Oncidium*. Biol. Plant. 47：613-615. doi.org/10.1023/B:BIOP.0000041073.13794.0c

Li, G., J. Tang, J. Zheng and C. Chu (2021a) Exploration of rice yield potential： Decoding agronomic and physiological traits. Crop J. 9：577-589. doi.org/10.1016/j.cj.2021.03.014

Li, G., H. Zhang, J. Li, Z. Zhang and Z. Li (2021b) Genetic control of panicle architecture in rice. Crop J. 9：590-597. doi.org/10.1016/j.cj.2021.02.004

Li, G., K. Cui, Q. Hu, W. Wang, J. Pan, G. Zhang, Y. Shi, L. Nie, J. Huang and S. Peng (2022a) Phloem unloading in developing rice caryopses and its contribution to non-structural carbohydrate translocation from stems and grain yield formation. Plant Cell Physiol. 63：1510-1525. doi.org/10.1093/pcp/pcac118

Li, N., R. Xu and Y. Li (2019) Molecular networks of seed size control in plants. Annu. Rev. Plant Biol. 70：435-463. doi.org/10.1146/annurev-arplant-050718-095851

Li, N., R. Xu, P. Duan and Y. Li (2018) Control of grain size in rice. Plant Rep. 31：237-251. doi.org/10.1007/s00497-018-0333-6

Li, P., Y.-H. Chen, J. Lu, C.-Q. Zhang, Q.-Q. Liu and Q.-F. Li (2022b) Genes and their molecular functions determining seed structure, components, and quality of rice. Rice 15：18. doi.org/10.1186/s12284-022-00562-8

Li, Q.-F., Q. Gao, J.-W. Yu and Q.-Q. Liu (2023) Brassinosteroid, a prime contributor to the next Green Revolution. Seed Biol. 2：7. doi.org/10.48130/SeedBio-2023-0007

Li, X., Q. Qian, Z. Fu, Y. Wang, G. Xiong, D. Zeng, X. Wang, X. Liu, S. Teng, H. Fujimoto, M. Yuan, D. Luo, B. Han and J. Li (2003b) Control of tillering in rice. Nature 422：618-621. doi.org/10.1038/nature01518

Liang, J., J. Zhang and X. Cao (2001) Grain sink strength may be related to the poor grain filling of indica-japonica rice (*Oryza sativa* L.) hybrids. Physiol. Plant. 112：470-477. doi.org/10.1034/j.1399-3054.2001.1120403.x

Liao, Z., X. Xia, Z. Zhang, B. Nong, H. Guo, R. Feng, C. Chen, F. Xiong, Y. Qiu, D. Li and X. Yang (2023) Genome-wide association study using specific-locus amplified fragment sequencing identifies new genes influencing nitrogen use efficiency in rice landraces. Front. Plant Sci. 14：1126254. doi.org/10.3389/fpls.2023.1126254

Liu, J., M.-W. Wu and C.-M. Liu (2022a) Cereal endosperms：Development and storage product accumulation. Annu. Rev. Plant Biol. 73：255-291. doi.org/10.1146/annurev-arplant-070221-024405

Liu, Q., K. Wu, W. Song, N. Zhong, Y. Wu and X. Fu (2022b) Improving crop nitrogen use efficiency toward sustainable Green Revolution. Annu. Rev. Plant Biol. 73：523-551. doi.org/10.1146/annurev-arplant-070121-015752

Luu, D.T. and C. Maurel (2013) Aquaporin trafficking in plant cells：an emerging membrane-protein model. Traffic 14：629-635. doi.org/10.1111/tra.12062

Ma, L., D. Zhang, Q. Miao, J. Yang, Y. Xuan and Y. Hu (2017a) Essential role of sugar transporter OsSWEET11 during the early stage of rice grain filling. Plant Cell Physiol. 58：863-873. doi.org/10.1093/pcp/pcx040

Ma, P., X. Chen, C. Liu, Y. Meng, Z. Xia, C. Zeng, C. Lu and W. Wang (2017b) MeSAUR1, encoded by a small auxin-up RNA gene, acts as a transcription regulator to positively regulate ADP-glucose pyrophosphorylase small subunit1a gene in cassava. Front. Plant Sci. 8：1315. doi.org/10.3389/fpls.2017.01315

Mann, C. (1997) Reseeding the green revolution. Science 277：1038-1043. doi.org/10.1126/science.277.5329.1038

Mason, T. G. and E.J. Maskell (1928) Studies on the transport of carbohydrates in the cotton plant：II. The factors determining the rate and the direction of movement of sugars. Ann. Bot. 42：571-636. doi.org/10.1093/oxfordjournals.aob.a090131

増田芳雄(1988)第4章　植物の栄養. 4.5 光合成と炭水化物,「植物生理学(改訂版),増田芳雄」, 培風館, 171-212

松田智明・川原治之助・長南信雄(1979) 水稲子房における転流と登熟に関する組織・細胞学的研究　第1報　登熟期における子房の構造変化と転流経路について. 日作紀48:155-162. doi.org/10.1626/jcs.48.155

Milne, R.J., C.P.L Grof and J.W. Patrick(2018)Mechanisms of phloem unloading: shaped by cellular pathways, their conductances and sink function. Curr. Opin. Plant Biol. 43:8-15. doi.org/10.1016/j.pbi.2017.11.003

Mohapatra, P.K., R. Patel and S.K. Sahu(1993)Time of flowering affects grain quality and spikelet partitioning within the rice panicle. Aust. J. Plant Physiol. 20:231-241. doi.org/10.1071/PP9930231

Monsi, M. and T. Saeki(1953)Über den Lichtfaktor in den Pflanzen-gesellschaften und seine Bedeutung für die Stoffproduktion. Jpn. J. Botany 14:22-52.

Morey, S.R., T. Hirose, Y. Hashida, A. Miyao, H. Hirochika, R. Ohsugi, J. Yamagishi and N. Aoki(2018)Genetic evidence for the role of a rice vacuolar invertase as a molecular sink strength determinant. Rice 11:6. doi.org/10.1186/s12284-018-0201-x

Münch, E.(1930)Die Stoffbewegungen in der Pflanze. Verlag von Gustav Fischer

Nakatani, M. and M. Komeichi(1992)Relationship between starch content and activity of starch synthase and ADP-glucose pyrophosphorylase in tuberous root of sweet potato. Jpn. J. Crop Sci. 61:463-468. doi.org/10.1626/jcs.61.463

中山治彦(1969)水稲における穂の老化現象　第1報　籾の老化と脱水素酵素作用の減退. 日作紀38:338-341. doi.org/10.1626/jcs.38.338

Neher, D.(1992)Ecological sustainability in agricultural systems:Definition and measurement. J. Sustain. Agric. 2:51-61. doi.org/10.1300/J064v02n03_05

Nonhebel, H.M and K. Griffin(2020)Production and roles of IAA and ABA during development of superior and inferior rice grains. Func. Plant Biol. 47:716-726. doi.org/10.1071/FP19291

Ohdan, T., P.B. Francisco, Jr., T. Sawada, T. Hirose, T. Terao, H. Satoh and Y. Nakamura(2005)Expression profiling of genes involved in starch synthesis in sink and source organs in rice. J. Exp. Bot. 56:3229-3244. doi.org/10.1093/jxb/eri292

Oiestad, A.J., J.M. Martin and M.J. Giroux(2016)Overexpression of ADP-glucose pyrophosphorylase in both leaf and seed tissue synergistically increase biomass and seed number in rice(*Oryza sativa* ssp. *japonica*). Func. Plant Biol. 43:1194-

1204. doi.org/10.1071/FP16218

Okamura, M., T. Hirose, Y. Hashida, T. Yamagishi, R. Ohsugi and N. Aoki(2013) Starch reduction in rice stems due to a lack of *OsAGPL1* or *OsAPL3* decreases grain yield under low irradiance during ripening and modifies plant architecture. Func. Plant Biol. 40:1137-1146. doi.org/10.1071/FP13105

Okamura, M., M. Yokota-Hirai, Y. Sawada, M. Okamoto, A. Oikawa, R. Sasaki, Y. Arai-Sanoh, T. Mukouyama, S. Adachi and M. Kondo(2021) Analysis of carbon flow at the metabolite level reveals that starch synthesis from hexose is a limiting factor in a high-yielding rice cultivar. J. Exp. Bot. 72:2570-2583. doi.org/10.1093/jxb/erab016

Okamura, M., Y. Arai-Sanoh, H. Yoshida, T. Mukouyama, S. Adachi, S. Yabe, H. Nakagawa, K. Tsutsumi, Y. Taniguchi, N. Kobayashi and M. Kondo(2018) Characterization of high-yielding rice cultivars with different grain-filling properties to clarify limiting factors for improving grain yield. Field Crops Res. 219:139-147. doi.org/10.1016/j.fcr.2018.01.035

Ookawa, T., K. Yasuda, H. Kato, M. Sakai, M. Seto, K. Sunaga, T. Motobayashi, S. Tojo and T. Hirasawa(2010) Biomass production and lodging resistance in 'Leaf Star', a new long-culm rice forage cultivar. Plant Prod. Sci. 13:58-66. doi.org/10.1626/pps.13.58

Oparka, K.J. and P. Gates(1981a) Transport of assimilates in the developing caryopsis of rice(*Oryza sativa* L.). Ultrastructure of the pericarp vascular bundle and its connections with the aleurone layer. Planta 151:561-573. doi.org/10.1007/BF00387436

Oparka, K.J. and P. Gates(1981b) Transport of assimilates in the developing caryopsis of rice(*Oryza sativa* L.). The pathways of water and assimilated carbon. Planta 152:388-396. doi.org/10.1007/BF00385354

Ouyang, N., X. Sun, Y. Tan, Z. Sun, D. Yu, H. Liu, C. Liu, L. Liu, L. Jin, B. Zhao, D. Yuan and M. Duan(2021) Senescence-specific expression of RAmy1A accelerates non-structural carbohydrate remobilization and grain filling in rice (*Oryza sativa* L.). Front. Plant Sci. 12:647574. doi.org/10.3389/fpls.2021.647574

Pasion, E.A., S. Badoni, G. Misra, R. Anacleto, S. Parween, A. Kohli and N. Sreenivasulu(2021) *OsTPR* boosts the superior grains through increase in upper secondary rachis branches without incurring a grain quality penalty. Plant Biotech. J. 19:1396-1411. doi.org/10.1111/pbi.13560

Patrick, J.W.(2013) Does Don Fisher's high-pressure manifold model account for phloem transport and resource partitioning? Front. Plant Sci. 4:184. doi.org/10.3389/fpls.2013.00184

Patrick, J.W. and C.E. Offler (2001) Compartmentation of transport and transfer events in developing seeds. J. Exp. Bot. 52:551-564. doi.org/10.1093/jexbot/52.356.551

Paul, M.J. (2021) Improving photosynthetic metabolism for crop yields: What is going to work? Front. Plant Sci. 12: 743862. doi.org/10.3389/fpls.2021.743862

Peng, S. and G.S. Khush (2003) Four decades of breeding for varietal improvement of irrigated lowland rice in the International Rice Research Institute. Plant Prod. Sci. 6:157-164. doi.org/10.1626/pps.6.157

Peng, S., K.G. Cassman, S.S. Virmani, J. Sheehy and G.S. Khush (1999) Yield potential trends of tropical rice since the release of IR8 and the challenge of increasing rice yield potential. Crop Sci. 39:1552-1559. doi.org/10.2135/cropsci1999.3961552x

Peng, S., G.S. Khush, P. Virk, Q. Tang and Y. Zou (2008) Progress in ideotype breeding to increase rice yield potential. Field Crops Res. 108:32-38. doi.org/10.1016/j.fcr.2008.04.001

Peng, T., H. Sun, M. Qiao, Y. Zhao, Y. Du, J. Zhang, J. Li, G. Tang and Q. Zhao (2014) Differentially expressed microRNA cohorts in seed development may contribute to poor grain filling of inferior spikelets in rice. BMC Plant Biol. 14:196. doi.org/10.1186/s12870-014-0196-4

Peng, Y.Y., L.L. Liao, S. Liu, M.M. Nie, J. Li, L.D. Zhang, J.F. Ma and Z.C. Chen (2019) Magnesium deficiency triggers SGR-mediated chlorophyll degradation for magnesium remobilization. Plant Physiol. 181:262-275. doi.org/10.1104/pp.19.00610

Perez, C.M., A.A. Perdon, A.P. Resurreccion, R.M. Villareal and B.O. Juliano (1975) Enzymes of carbohydrate metabolism in the developing rice grain. Plant Physiol. 56:579-583. doi.org/10.1104/pp.56.5.579

Qu, Y., K. Sakoda, H. Fukayama, E. Kondo, Y. Suzuki, A. Makino, I. Terashima and W. Yamori (2021) Overexpression of both Rubisco and Rubisco activase rescues rice photosynthesis and biomass under heat stress. Plant Cell Environ. 44:2308-2320. doi.org/10.1111/pce.14051

Reyes, V.P., R.B. Angeles-Shim, M.S. Mendioro, M.C.C. Manuel, R.S. Lapis, J. Shim, H. Sunohara, S. Nishiuchi, M. Kikuta, D. Makihara, K.K. Jena, M. Ashikari and K. Doi (2021) Marker-assisted introgression and stacking of major QTLs controlling grain number (*Gn1a*) and number of primary branching (*WFP*) to NERICA cultivars. Plants 10：844. doi.org/10.3390/plants10050844

齊藤邦行(2016)第4章 個体群の構造と機能. 平沢正・大杉立(編)「農学基礎シリーズ 作物生産生理学の基礎」, 農山漁村文化協会, 43-54

阪本寧男(1986) 作物は一日にして成らず—コムギ半矮性遺伝子のたどった道. 化学と生物24：759-763. doi.org/10.1271/kagakutoseibutsu1962.24.759

Sakulsingharoj, C., S.B. Choi, S.K. Hwang, G.E. Edwads, J. Bork, C.R. Meyer, J. Preiss and T.W. Okita (2004) Engineering starch biosynthesis for increasing rice seed weight：the role of the cytoplasmic ADP-glucose pyrophosphorylase. Plant Sci. 167:1323-1333. doi.org/10.1016/j.plantsci.2004.06.028

Sarkar, D., S.K. Kar, A. Chttopadhyay, Shikha, A. Rakshit, V.K. Tripathi, P.K. Dubey and P.C. Abhilash (2020) Low input sustainable agriculture：A viable climate-smart option for boosting food production in a warming world. Ecol. Indicators 115：106412. doi.org/10.1016/j.ecolind.2020.106412

Sasaki, A., M. Ashikari, M. Ueguchi-Tanaka, H. Itoh, A. Nishimura, D. Swapan, K. Ishiyama, T. Saito, M. Kobayashi, G.S. Khush, H. Kitano and M. Matsuoka (2002) A mutant gibberellin-synthesis gene in rice. Nature 416：701-702. doi.org/10.1038/416701a

Satoh, H., K. Shibahara, T. Tokunaga, A. Nishi, M. Tasaki, S.-K. Hwang, T.W. Okita, N. Kaneko, N. Fujita, M. Yoshida, Y. Hosaka, A. Sato, Y. Utsumi, T. Ohdan and Y. Nakamura (2008) Mutation of the plastidial α-glucan phosphorylase gene in rice affects the synthesis and structure of starch in the endosperm. Plant Cell 20: 1833-1849. doi.org/10.1105/tpc.107.054007

Sekhar, S., S.A. Gharat, B.B. Panda, T. Mohapatra, K. Das, E. Kariali, P.K. Mohapatra and B.P. Shaw (2015) Identification and characterization of differentially expressed genes in inferior and superior spikelets of rice cultivars with contrasting panicle-compactness and grain-filling properties. PLoS ONE 10: e0145749. doi.org/10.1371/journal.pone.0145749

Shang, F., L. Chen, X. Meng, K. Yang and J. Wang (2020) Fine mapping and grain yield analysis of a major QTL controlling primary branch number in rice (*Oryza sativa* L.). Genet. Resour. Crop Evol. 67：421-431. doi.org/10.1007/s10722-019-00857-8

Shin, D., S. Lee, T.-H. Kim, J.-H. Lee, J. Park, J. Lee, J.-Y. Lee, L.-H. Cho, J.-Y. Choi, W. Lee, J.-H. Park, D.-W. Lee, H. Ito, D.-H. Kim, A. Tanaka, J.-H. Cho, Y.-C. Song, D. Hwang, M.D. Purugganan, J.-S. Jeon, G. An and H.-G. Nam (2020) Natural variations at the *Stay-Green* gene promoter control lifespan and yield in rice cultivars. Nature Comm. 11:2819. doi.org/10.1038/s41467-020-16573-2

塩津文隆・劉建・豊田正範・楠谷彰人(2006)水稲における登熟性の品種間差に関する研究―登熟に及ぼす収量内容物と収量キャパシティの影響―. 日作紀 75:492-501. doi.org/10.1626/jcs.75.492

Sinclair, T.R., T.W. Rufty and R.S. Lewis(2019)Increasing photosynthesis: Unlikely solution for world food problem. Trends Plant Sci. 24:1032-1039. doi.org/10.1016/j.tplants.2019.07.008

Smidansky, E.D., J.M. Martin, L.C. Hannah, A.M. Fischer and M.J. Giroux(2003) Seed yield and plant biomass increases in rice are conferred by deregulation of endosperm ADP-glucose pyrophosphorylase. Planta 216:656-664. doi.org/10.1007/s00425-002-0897-z

Spielmeyer, W., M.H. Ellis and P.M. Chandler(2002) Semidwarf(*sd-1*), "green revolution" rice, contains a defective gibberellin 20-oxidase gene. Proc. Natl. Acad. Sci. USA 99:9043-9048. doi.org/10.1073/pnas.132266399

Spreitzer, R.J. and M.E. Salvucci(2002) RUBISCO:Structure, regulatory interactions, and possibilities for a better enzyme. Annu. Rev. Plant Biol. 53:449-475. doi.org/10.1146/annurev.arplant.53.100301.135233

Sweetlove, L.J., M.M. Burrell and T. ap Rees(1996)Starch metabolism in tubers of transgenic potato(*Solanum tuberosum*)with increased ADPglucose pyrophosphorylase. Biochem. J. 320:493-498. doi.org/10.1042/bj3200493

Sun, C., Y. Wang, X. Yang, L. Tang, C. Wan, J. Liu, C. Chen, H. Zhang, C. He, C. Liu, Q. Wang, K. Zhang, W. Zhang, B. Yang, S. Li, J. Zhu, Y. Sun, W. Li, Y. Zhou, P. Wang and X. Deng(2023)MATE transporter GFD1 cooperates with sugar transporters, mediates carbohydrate partitioning and controls grain-filling duration, grain size and number in rice. Plant Biotech. J. 21:621-634. doi.org/10.1111/pbi.13976

Takahashi, T., K.I. Horiguchi and M. Goto(2005)Effect of crushing unhulled rice and the addition of fermented juice of epiphytic lactic acid bacteria on the fermentation quality of whole crop rice silage, and its digestibility and rumen fermentation status in sheep. Animal Sci. J. 76:353-358. doi.org/10.1111/j.1740-0929.2005.00275.x

Takeda, T., Y. Suwa, M. Suzuki, H. Kitano, M. Ueguchi-Tanaka, M. Ashikari, M. Matsuoka and C. Ueguchi(2003)The OsTB1 gene negatively regulates lateral branching in rice. The Plant J. 33:513-520. doi.org/10.1046/j.1365-313X.2003.01648.x

Tamoi, M., M. Nagaoka, Y. Miyagawa and S. Shigeoka(2006)Contribution of fructose-1,6-bisphosphatase and sedoheptulose-1,7-bisphosphatase to the photosynthetic rate and carbon flow in the Calvin cycle in transgenic plants. Plant Cell Physiol. 47:380-390. doi.org/10.1093/pcp/pcj004

Tanaka, W., T. Yamauchi and K. Tsuda(2023)Genetic basis controlling rice plant architecture and its modification for breeding. Breed. Sci. 73:3-45. doi.org/10.1270/jsbbs.22088

Tang, L., Z.-J. Xu and W.-F. Chen(2017)Advances and prospects of super rice breeding in China. J. Integr. Agr. 16:984-991. doi.org/10.1016/S2095-3119(16)61604-0

Terao, T., K. Nagata, K. Morino and T. Hirose(2010)A gene controlling the number of primary rachis branches also controls the vascular bundle formation and hence is responsible to increase the harvest index and grain yield in rice. Theor. Appl. Genet. 120:875-893. doi.org/10.1007/s00122-009-1218-8

Tetlow, I.J. and E. Bertoft(2020)A review of starch biosynthesis in relation to the building block-backbone model. Int. J. Mol. Sci. 21:7011. doi.org/10.3390/ijms21197011

Thomas, H. and H. Ougham(2014)The stay-green trait. J. Exp. Bot. 14:3889-3900. doi.org/10.1093/jxb/eru037

Tong, H. and C. Chu(2023)Coordinating gibberellin and brassinosteroid signaling beyond Green Revolution. J. Genet. Genom. 50:459-461. doi.org/10.1016/j.jgg.2023.04.009

上野修(2016)第6章　光合成. 平沢正・大杉立(編)「農学基礎シリーズ　作物生産生理学の基礎」, 農山漁村文化協会, 65-83

ヴァンダナ・シヴァ(1997) 緑の革命とその暴力(浜谷喜美子翻訳). 日本経済評論社

Van de Velde, K., S.G. Thomas, F. Heyse, R. Kaspar, D. Van der Straeten and A. Rohde(2021)N-terminal truncated RHT-1 proteins generated by translational reinitiation cause semi-dwarfing of wheat Green Revolution alleles. Mol. Plant 14:679-687. doi.org/10.1016/j.molp.2021.01.002

Wakabayashi, Y., R. Morita and N. Aoki(2021)Metabolic factors restricting sink strength in superior and inferior spikelets in high-yielding rice cultivars. J. Plant Physiol. 266:153536. doi.org/10.1016/j.jplph.2021.153536

Wang, E., J. Wang, X. Zhu, W. Hao, L. Wang, Q. Li, L. Zhang, W. He, B. Lu, H. Lin, H. Ma, G. Zhang and Z. He(2008) Control of rice grain-filling and yield by a gene with a potential signature of domestication. Nature. Genet. 40:1370-1374. doi.

org/10.1038/ng.220

Wang, F. and S.-B. Peng (2017) Yield potential and nitrogen use efficiency of China's super rice. J. Integr. Agr. 16 : 1000-1008. doi.org/10.1016/S2095-3119(16)61561-7

Wang, G., H. Li, K. Wang, J. Yang, M. Duan, J. Zhang and N. Ye (2019) Regulation of gene expression involved in the remobilization of rice straw carbon reserves results from moderate soil drying during grain filling. The Plant J. 101 : 604-618. doi.org/10.1111/tpj.14565

Wang, G., Y. Wu, L. Ma, Y. Lin, Y. Hu, M. Li, W. Li, Y. Ding and L. Chen (2021) Phloem loading in rice leaves depends strongly on the apoplastic pathway. J. Exp. Bot. 72 : 3723-3738. doi.org/10.1093/jxb/erab085

Wang, H., Z. Chu, S. Chang, S. Jia, L. Pang, C. Xi, J. Liu, H. Zhao, Y. Wang and S. Han (2022) Transcriptomic identification of long noncoding RNAs and their hormone-associated nearby coding genes involved in the differential development of caryopses localized on different branches in rice. J. Plant Physiol. 271 : 153663. doi.org/10.1016/j.jplph.2022.153663

Wang, K., M.-G. Li, Y.-P. Chang, B. Zhang, Q.-Z. Zhao and W.-L. Zhao (2020) The basic helix-loop-helix transcription factor OsBLR1 regulates leaf angle in rice via brassinosteroid signalling. Plant Mol. Biol. 102 : 589-602. doi.org/10.1007/s11103-020-00965-5

Watson, D.J. (1947) Comparative physiological studies on the growth of field crops : I. Variation in net assimilation rate and leaf area between species and varieties, and within and between years. Ann. Bot. 11 : 41-76. doi.org/10.1093/oxfordjournals.aob.a083148

Wen, S., H.E. Neuhaus, J. Cheng and Z. Bie (2022) Contributions of sugar transporters to crop yield and fruit quality. J. Exp. Bot. 73 : 2275-2289. doi.org/10.1093/jxb/erac043

Wilson, J.W. (1967) Ecological data on dry-matter production by plants and plant communities. In "The collection and processing of field data", 77-123, Bradley, E.F. and O.T. Denmead (eds.), Interscience

Xu, H., M. Zhao, Q. Zhang, Z. Xu and Q. Xu (2016) The *DENSE AND ERECT PANICLE 1* (*DEP1*) gene offering the potential in the breeding of high-yielding rice. Breed. Sci. 66 : 659-667. doi.org/10.1270/jsbbs.16120

Yabe, S., H. Yoshida, H. Kajiya-Kanegae, M. Yamasaki, H. Iwata, K. Ebana, T. Hayashi and H. Nakagawa (2018) Description of grain weight distribution leading to genomic selection for grain-filling characteristics in rice. PLoS ONE 13 :

e0207627. doi.org/10.1371/journal.pone.0207627

山岸徹・大杉立(2016)第9章　窒素の吸収・同化と窒素代謝. 平沢正・大杉立(編)「農学基礎シリーズ　作物生産生理学の基礎」, 農山漁村文化協会, 115-131

山本由徳・吉田徹志・榎本哲也・吉川義一(1991)日印交雑稲および半矮性インド稲の籾数生産能率と登熟特性. 日作紀60:365-372. doi.org/10.1626/jcs.60.365

Yan, Y., C. Ding, G. Zhang, J. Hu, L. Zhu, D. Zeng, Q. Qian and D. Ren(2023) Genetic and environmental control of rice tillering. Crop J. 11:1287-1302. doi.org/10.1016/j.cj.2023.05.009

Yang, J. and J. Zhang(2010)Grain-filling problem in 'super' rice. J. Exp. Bot. 61:1-5. doi.org/10.1093/jxb/erp348

Yoon, D.-K., K. Ishiyama, M. Suganami, Y. Tazoe, M. Watanabe, S. Imaruoka, M. Ogura, H. Ishida, Y. Suzuki, M. Obara, T. Mae and A. Makino(2020)Transgenic rice overproducing Rubisco exhibits increased yields with improved nitrogen-use efficiency in an experimental paddy field. Nature Food 1:134-139. doi.org/10.1038/s43016-020-0033-x

Yoshihara, T. and M. Iino(2007)Identification of the gravitropism-related rice gene *LAZY1* and elucidation of *LAZY1*-dependent and -independent gravity signaling pathways. Plant Cell Physiol. 48:678-688. doi.org/10.1093/pcp/pcm042

Yoshinaga, S, T. Takai, Y. Arai-Sanoh, T. Ishimaru and M. Kondo(2013)Varietal differences in sink production and grain-filling ability in recently developed high-yielding rice(*Oryza sativa* L.)varieties in Japan. Field Crops Res. 150:74-82. doi.org/10.1016/j.fcr.2013.06.004

You, C., L. Chen, H. He, L. Wu, S. Wang, Y. Ding and C. Ma(2017)iTRAQ-based proteome profile analysis of superior and inferior spikelets at early grain filling stage in japonica rice. BMC Plant Biol 17:100. doi.org/10.1186/s12870-017-1050-2

Yu, B., Z. Lin, H. Li, X. Li, J. Li, Y. Wang, X. Zhang, Z. Zhu, W. Zhai, X. Wang, D. Xie and C. Sun(2007)*TAC1*, a major quantitative trait locus controlling tiller angle in rice. The Plant J. 52:891-898. doi.org/10.1111/j.1365-313X.2007.03284.x

Zhang, C. and R. Turgeon(2018)Mechanisms of phloem loading. Curr. Opin. Plant Biol. 43:71-75. doi.org/10.1016/j.pbi.2018.01.009

Zhang, L., B. Ma, Z. Bian, X. Li, C. Zhang, J. Liu, Q. Li, Q. Liu and Z. He(2020)Grain size selection using novel functional markers targeting 14 genes in rice. Rice 13:63. doi.org/10.1186/s12284-020-00427-y

Zhang, Q.(2007)Strategies for developing Green Super Rice. Proc. Natl. Acad. Sci.

USA 104:16402-16409. doi.org/10.1073/pnas.0708013104

Zhang, Y.-M., H.-X. Yu, W.-W. Ye, J.-X. Shan, N.-Q. Dong, T. Guo, Y. Kan, Y.-H. Xiang, H. Zhang, Y.-B. Yang, Y.-C. Li, H.-Y. Zhao, Z.-Q. Lu, S.-Q. Guo, J.-J. Lei, B. Liao, X.-R. Mu, Y.-J. Cao, J.-J. Yu and H.-X. Lin (2021) A rice QTL *GS3.1* regulates grain size through metabolic-flux distribution between flavonoid and lignin metabolons without affecting stress tolerance. Comm. Biol. 4:1171. doi.org/10.1038/s42003-021-02686-x

【著者略歴】

加藤　恒雄

1951年　愛知県名古屋市生まれ。

1974年　北海道大学農学部農学科卒業。

1979年　京都大学大学院農学研究科農学専攻博士課程単位取得退学。

1981年　広島農業短期大学助手。その後、広島県立大学生物資源学部助教授を経て2018年3月まで近畿大学生物理工学部生物工学科教授。

農学博士。

専攻：植物育種学。

著書：「植物遺伝育種学実験法」（分担執筆）（朝倉書店、1995年）。
「種を育てて種を育む—植物品種改良とはなにか—」
（大阪公立大学出版会、初版2019年、改訂版2023年）。

OMUPブックレット　刊行の言葉

今日の社会は、映像メディアを主体とする多種多様な情報が氾濫する中で、人類が生存する地球全体の命運をも決しかねない多くの要因をはらんでいる状況にあると言えます。しかも、それは日常の生活と深いかかわりにおいて展開しつつあります。時々刻々と拡大・膨張する学術・科学技術の分野は微に入り、細を穿つ解析的手法の展開が進む一方で、総括的把握と大局的な視座を見失いがちです。また、多種多様な情報伝達の迅速化が進む反面、最近とみに「知的所有権」と称して、一時的にあるにしても新知見の守秘を余儀なくされているのが、科学技術情報の現状と言えるのではないでしょうか。この傾向は自然科学に止まらず、人文科学、社会科学の分野にも及んでいる点が今日的問題であると考えられます。

本来、学術はあらゆる事象の中から、手法はいかようであっても、議論・考察を尽くし、展開していくのがそのあるべきスタイルです。教育・研究の現場にいる者が内輪で議論するだけでなく、さまざまな学問分野のさまざまなテーマについて、広く議論の場を提供することが、それぞれの主張を社会共通の場に提示し、真の情報交換を可能にすることに疑いの余地はありません。

活字文化の危機的状況が叫ばれる中で、シリーズ「OMUPブックレット」を刊行するに至ったのは、小冊子ながら映像文化では伝達し得ない情報の議論の場を、われわれの身近なところから創設しようとするものです。この小冊子が各種の講演、公開講座、グループ読書会のテキストとして、あるいは一般の講義副読本として活用していただけることを願う次第です。また、明確な主張を端的に伝達し、読者の皆様の理解と判断の一助になることを念ずるものです。

平成18年3月

OMUP設立五周年を記念して
大阪公立大学共同出版会（OMUP）

大阪公立大学出版会（OMUP）とは
本出版会は、大阪の５公立大学－大阪市立大学、大阪府立大学、大阪女子大学、大阪府立看護大学、大阪府立看護大学医療技術短期大学部－の教授を中心に2001年に設立された大阪公立大学共同出版会を母体としています。2005年に大阪府立の４大学が統合されたことにより、公立大学は大阪府立大学と大阪市立大学のみになり、2022年にその両大学が統合され、大阪公立大学となりました。これを機に、本出版会は大阪公立大学出版会（Osaka Metropolitan University Press「略称：OMUP」）と名称を改め、現在に至っています。なお、本出版会は、2006年から特定非営利活動法人（NPO）として活動しています。

About Osaka Metropolitan University Press (OMUP)
Osaka Metropolitan University Press was originally named Osaka Municipal Universities Press and was founded in 2001 by professors from Osaka City University, Osaka Prefecture University, Osaka Women's University, Osaka Prefectural College of Nursing, and Osaka Prefectural Medical Technology College. Four of these universities later merged in 2005, and a further merger with Osaka City University in 2022 resulted in the newly-established Osaka Metropolitan University. On this occasion, Osaka Municipal Universities Press was renamed to Osaka Metropolitan University Press (OMUP). OMUP has been recognized as a Non-Profit Organization (NPO) since 2006.

OMUPブックレット No.71
緑の革命をもう一度
―多収を目指した植物品種改良―

2024年7月31日　初版第１刷発行

著　者　加藤　恒雄
発行者　八木　孝司
発行所　大阪公立大学出版会（OMUP）
〒599-8531 大阪府堺市中区学園町１－１
大阪公立大学内
TEL　072（251）6533　FAX　072（254）9539
印刷所　和泉出版印刷株式会社

ISBN978－4－909933－75－1